中国茂兰观赏植物

Ornamental Plants of Maolan, China

张宪春　谭成江　姚正明　**主编**

中国科学院植物研究所
贵州茂兰国家级自然保护区管理局

科学出版社
北京

内 容 简 介

本书作者经过野外调查、分类鉴定和文献整理，整理挖掘出茂兰自然分布的355 种（含种下等级，下同）野生观赏植物资源，包括石松类和蕨类植物 15 科19 属 28 种、裸子植物 4 科 7 属 10 种、被子植物 103 科 230 属 317 种，其中叉脊天麻和密苞叶薹草为贵州新记录种。石松类和蕨类植物科的排序按照 PPG Ⅰ系统，裸子植物科的排序采用郑万钧系统，被子植物科的排序采用 APG Ⅳ系统，科内属、属内种顺序按拉丁名字母顺序排列。本书对茂兰野生观赏植物的形态特征、生境及地理分布等做了较为全面的介绍，每个物种还配有 1—4张彩色照片来帮助识别。

本书可供植物学的科研人员和学生、植物爱好者、保护区管理人员阅读和参考。

图书在版编目（CIP）数据

中国茂兰观赏植物 / 张宪春，谭成江，姚正明主编 . — 北京：科学出版社，2023.4
ISBN 978-7-03-075478-3

Ⅰ . ①中… Ⅱ . ①张… ②谭… ③姚… Ⅲ . ①观赏植物－荔波县 Ⅳ . ①S68

中国国家版本馆CIP数据核字(2023)第074828号

责任编辑：王 静 付 聪 / 责任校对：郑金红
责任印制：肖 兴 / 装帧设计：北京美光设计制版有限公司

科 学 出 版 社 出版

北京东黄城根北街16号
邮政编码：100717
http://www.sciencep.com

北京华联印刷有限公司 印刷

科学出版社发行 各地新华书店经销

*

2023年4月第 一 版 开本：889×1194 1/16
2023年4月第一次印刷 印张：24 1/4
字数：778 000

定价：468.00元
（如有印装质量问题，我社负责调换）

《中国茂兰观赏植物》编委会

主编单位

中国科学院植物研究所

贵州茂兰国家级自然保护区管理局

主　编

张宪春　谭成江　姚正明

副主编

韦金鑫　熊志斌

编　委

（以姓氏笔画为序）

卫　然	韦金鑫	玉　屏	付贞仲	兰洪波	曲　上
向睿晨	刘绍飞	杨仕涛	杨婷婷	吴尚川	余成俊
张宪春	张梦华	陆光琴	柳华富	费仕鹏	姚　芊
姚正明	姚雾清	莫家伟	黄尔峰	黄晨亮	蒋日红
覃龙江	覃池萍	蒙惠理	谭成江	熊志斌	

前　言

　　中国野生观赏植物资源丰富，有着"世界园林之母"的美称。茂兰位于贵州与广西的交界处，水文地质条件特殊，气候温暖湿润，冬无严寒，夏无酷暑，至今仍保存着世界上面积最大的喀斯特原始森林，被誉为"地球腰带上的绿宝石"。茂兰国家级自然保护区（以下简称：茂兰保护区）内分布有石松类和蕨类植物235种、裸子植物16种和被子植物1804种。

　　"绿水青山就是金山银山"，茂兰独特的自然风貌、田园风光和风土人情是当地重要的旅游资源，但旅游人数的增加和生态环境的改变，影响了一些野生植物的生存。野生观赏植物不仅具有园林绿化和引种栽培的重要价值，其中也不乏具有重要经济价值的木材树种和药用植物，以及一些国家和省级重点保护的珍稀濒危植物。我们期望通过对保护区野生观赏植物资源的调查，查明物种数量和分布及其资源现状，为开展就地保护和迁地保护提供科学依据。保护区不仅要继续严格控制人为采挖活动，还要开展珍稀濒危和具有重要观赏和经济价值的野生植物的人工栽培和扩繁，这样才能有效地保护和可持续利用这些珍贵的野生植物资源。

　　本书收录的茂兰分布的观赏价值较大或具有潜在观赏价值的植物多达355种（含种下等级，下同），包括石松类和蕨类28种、裸子植物10种和被子植物317种，其中叉脊天麻和密苞叶薹草为贵州新记录种。本书对这些野生观赏植物的形态特征、生物学及生态学特性、地理分布等进行了简要介绍。为了方便识别，本书给每个物种配了具有主要形态特征和识别特征的彩色照片。

　　虽然我们对茂兰地区进行了十余次的野外调查，但由于该地区野生观赏植物花期不同，仍有部分物种缺少花期照片。在保护区长期工作的熊志斌同志为我们提供了大量的高质量照片，为本书补足了缺乏的照片，保障了书稿的完成。

　　在此感谢贵州茂兰国家级自然保护区管理局及各管理站在我们野外调查工作期间提供的大力支持。特别感谢广西壮族自治区、中国科学院广西植物研究所黄俞淞博士，深圳市兰科植物保护研究中心王美娜博士，中国科学院植物研究所张树仁、刘冰、于胜祥和高天刚博士，吉首大学张代贵老师，以及北京师范大学刘全儒教授对部分分类群的物种鉴定进行了审核。

　　由于作者水平有限，疏漏之处在所难免，敬请读者指正。

编　者

2021 年 10 月

目　　录

第三章　被　子　植　物

贵州茂兰国家级自然保护区野外调查工作照

第一章

石松类和
蕨类植物

翠云草 *Selaginella uncinata*

卷柏科 Selaginellaceae　　卷柏属 *Selaginella*

　　土生，植株长约1米。主茎先直立而后攀援状，近基部羽状分枝。茎圆柱状，具沟槽。叶交互排列，二型，草质，表面具虹彩，边缘明显具白边；侧叶长圆形，先端尖或具短尖头，上侧基部不覆盖小枝，全缘；中叶接近或覆瓦状排列，先端与轴平行或交叉或后弯，长渐尖，基部钝，全缘。孢子叶穗紧密，四棱柱形，单生于小枝末端；孢子叶一型，全缘，具白边。大孢子灰白色或暗褐色；小孢子淡黄色。

　　中国产于安徽、重庆、福建、广东、广西、贵州、湖北、湖南、江西、四川、陕西、香港、云南和浙江。

　　羽叶密似云纹，叶色独特，表面具蓝绿色荧光，可作庭园地被植物或盆栽供观赏。

茂兰保护区

- **分布：** 广布。
- **生境：** 生于海拔450—800米的林下。

笔管草 Equisetum ramosissimum subsp. debile

木贼科 Equisetaceae　　木贼属 *Equisetum*

茂兰保护区

■ **分布：** 广布。

■ **生境：** 生于海拔450—700米的林下、河岸。

植株大中型。根状茎直立或横走，黑棕色，节和根光滑无毛或密生黄棕色长毛。成熟主茎常分枝，分枝较少；节间长3—10厘米；主茎有脊10—20条；脊背面弧形，生1行小瘤状物或淡棕色横纹；鞘筒短，下部绿色，上部略显黑棕色；鞘齿10—22颗，狭三角形，上部淡棕色，膜质，脱落，偶有宿存。地上枝一型，多年生，长达60厘米以上，中部直径3—7毫米。侧枝有脊8—12条。孢子囊穗短棒状或椭圆形，顶端有小尖突，无柄。

中国产于山东、河南、陕西、甘肃、安徽、江苏、上海、浙江、江西、湖南、湖北、四川、重庆、贵州、云南、西藏、福建、台湾、广东、广西、海南、香港和澳门。日本、菲律宾、越南、老挝、缅甸、泰国、马来西亚、新加坡、印度尼西亚、尼泊尔、印度、孟加拉国、巴布亚新几内亚、南太平洋岛屿也有分布。

株形奇特，茎枝四季常青，可栽植于庭园观赏。

松叶蕨 **Psilotum nudum**

松叶蕨科 Psilotaceae　　松叶蕨属 *Psilotum*

　　小型蕨类。根状茎横行，圆柱形，褐色，具假根，二叉分枝。地上茎直立，高15—51厘米，绿色，下部不分枝，上部多回二叉分枝。枝三棱形，绿色，密生白色气孔。叶二型；不育叶鳞片状三角形，无脉，长2—3毫米，宽1.5—2.5毫米，先端尖，草质。孢子叶二叉形，长2—3毫米，宽约2.5毫米。孢子囊单生于孢子叶腋，球形，2瓣纵裂，常3个融合为三角形聚囊，黄褐色。

　　中国产于陕西、安徽、江苏、浙江、江西、湖南、湖北、四川、重庆、贵州、云南、西藏、福建、台湾、广东、广西、海南、香港和澳门。广布于世界热带和亚热带。

　　株形独特，形态优美，具有较强的耐荫性，可作室内盆栽供观赏。

茂兰保护区

- **分布**：洞多。
- **生境**：生于海拔800米左右的树干或岩石缝中。

福建观音座莲 Angiopteris fokiensis

合囊蕨科 Marattiaceae　　观音座莲属 Angiopteris

茂兰保护区

- **分布：**立化。
- **生境：**生于海拔600—700米的林下。

　　植株高1.5米以上。根状茎呈块状，直立，簇生圆柱状的粗根。叶长2—4米；叶柄瘤状，长约50厘米，直径1—2.5厘米；叶片二回羽状；羽片阔卵形，长50—60厘米，宽20—60厘米；小羽片35—40对，披针形，基部圆形或截形，边缘整齐锯齿状，先端渐尖，向上弯曲；叶脉明显，一般分叉，无假脉。孢子囊群距叶边0.5—1毫米，长约1毫米，由8—10个孢子囊构成。

　　中国产于浙江、江西、湖南、湖北、四川、重庆、贵州、云南、福建、广东、广西、海南和香港。日本也有分布。

　　植株高大、健壮，株形优美奇特，叶片开展、光滑，翠绿色，排列方式别致，具有极高的观赏价值。

华南紫萁 Osmunda vachellii

紫萁科 Osmundaceae　　紫萁属 *Osmunda*

　　植株高达1米，挺拔强壮。根状茎直立，木质，粗壮，成圆柱状的主轴。叶片一型，一回羽状，长圆形，长40—90厘米，宽20—30厘米；羽片二型，15—20对，近对生，斜生，间距约2厘米；不育羽片线状披针形，基部狭楔形，具短柄，以关节连接叶轴，全缘或略有波状，先端渐尖；可育羽片在下部，通常3—4对，线形，宽约4毫米；叶脉分离，1—2次分叉。孢子囊穗密生于中肋两侧，深棕色。

　　中国产于浙江、江西、湖南、四川、重庆、贵州、云南、福建、广东、广西、海南、香港和澳门。越南、缅甸、泰国、印度也有分布。

　　高大蕨类，叶形奇特，可种植于庭园阴湿处。

茂兰保护区

- **分布：** 螃蟹沟、尧兰、立化和洞多等地。
- **生境：** 生于海拔500—700米的山坡、溪边。

中华双扇蕨 Dipteris chinensis

双扇蕨科 Dipteridaceae　　双扇蕨属 *Dipteris*

茂兰保护区

■ **分布：** 立化。

■ **生境：** 生于海拔600米的林下石壁上。

植株高60—90厘米。根状茎长而横走，木质，被钻状黑色披针形鳞片。叶远生；叶柄长30—60厘米，灰棕色或淡禾秆色；叶片纸质，背面沿主脉疏生灰棕色有节的硬毛，长20—30厘米，宽30—60厘米，中部分裂成两部分相等的扇形，每扇又再深裂为4—5部分，裂片宽5—8厘米，顶部再度浅裂，末回裂片短尖头，边缘有粗锯齿。主脉多回二歧分叉，小脉网状，网眼内有单一或分叉的内藏小脉。孢子囊群小，近圆形，散生于网脉交结点上，被浅杯状的隔丝覆盖。

中国产于湖南、重庆、贵州、云南、广东、广西和香港。越南、缅甸也有分布。

叶奇特、雅致，呈扇形，丛生小叶可爱，可盆栽供观赏。

南国蘋 **Marsilea minuta**

蘋科 Marsileaceae　　蘋属 *Marsilea*

夏季在深水中，叶片漂浮，叶柄长可达30厘米，而在浅水中，叶子挺立出水，柄长仅8—10厘米，小叶只有20毫米，全缘或有波状圆齿或浅裂，根状茎节间长6—9厘米。冬季生长在干旱水田中的植株很小，根状茎节间仅长1—4毫米，叶柄仅长2—8厘米，小叶长5—10毫米，孢子果柄长约5毫米，着生于叶柄基部，通常1—2个或数个集生在一起，椭圆形，与果柄连接处的上方有2个齿牙状凸起。

中国产于陕西、安徽、江苏、浙江、江西、湖南、湖北、四川、贵州、云南、福建、台湾、广东和海南。马来西亚、印度尼西亚和菲律宾也有分布。

叶柄细长，叶形奇特，四片小叶呈"十"字状，可用于水面、溪畔及湖边等造景。

茂兰保护区

- **分布：**广布。
- **生境：**生于海拔600米左右的水塘、沟渠及水田中。

金毛狗 Cibotium barometz

金毛狗科 Cibotiaceae　　金毛狗属 *Cibotium*

茂兰保护区

- **分布：**立化和螃蟹沟。
- **生境：**生于海拔500—600米的山麓沟边及林下。

　　根状茎卧生，粗大，顶端生出一丛大叶。叶柄长达120厘米，棕褐色，基部被一大丛垫状的金黄色茸毛，长逾10厘米，有光泽；叶长达180厘米，三回羽状分裂；一回小羽片互生，开展，接近，具小柄；叶革质或厚纸质，干后正面褐色，有光泽。孢子囊群在每一末回能育裂片1—5对；囊群盖坚硬，棕褐色，横长圆形，两瓣状，内瓣较外瓣小，成熟时张开，露出孢子囊群；孢子为三角状的四面形，透明。

　　中国产于重庆、福建、广东、广西、贵州、海南、湖南、江西、四川、台湾、西藏、云南和浙江。印度、中南半岛、琉球群岛及印度尼西亚也有分布。

　　高大蕨类，株形挺拔，叶姿优美，根状茎上具大丛垫状的金黄色茸毛，具有极高的观赏价值。

小黑桫椤 Alsophila metteniana

桫椤科 Cyatheaceae　桫椤属 *Alsophila*

　　植株高达2米多。根状茎密生黑棕色鳞片，短而斜升。叶柄黑色，基部宿存淡棕色线形鳞片；叶片三回羽裂；叶脉分离，每裂片有小脉5—6对；羽轴红棕色，近光滑，残留疏鳞片，鳞片小，灰色，少数较狭的鳞片先端有黑色的长刚毛；小羽轴的基部生鳞片，鳞片黑棕色，具灰边，先端呈弯曲的刚毛状。孢子囊群生于小脉中部；囊群盖缺；隔丝多，其长度比孢子囊稍长或近相等。

　　中国产于台湾、福建、广东、贵州、四川、重庆、云南和江西。日本也有分布。

　　植株高大挺拔，主干直立，可作庭园大型造景植物。

茂兰保护区

- **分布：** 立化。
- **生境：** 生于海拔500—700米的山坡林下、溪旁或沟边。

铁线蕨 Adiantum capillus-veneris

凤尾蕨科 Pteridaceae　铁线蕨属 *Adiantum*

茂兰保护区

- **分布：**广布。
- **生境：**生于海拔500—1000米的阴湿岩石上。

根状茎细长横走，密被棕色披针形鳞片。叶柄纤细、栗黑色，基部被与根状茎上同样的鳞片；羽片3—5对，互生，斜向上，有柄，不育裂片先端钝圆形，具小锯齿或啮蚀状的小齿，能育裂片先端截形、直或略下陷，全缘或两侧具有啮蚀状的小齿。孢子囊群每羽片3—10个，横生于能育的末回小羽片的上缘；囊群盖长形、长肾形或圆肾形，上缘平直，膜质全缘，宿存。

本种为钙质土的指示植物。中国产于河北、天津、北京、山西、河南、陕西、甘肃、新疆、安徽、江苏、浙江、江西、湖南、湖北、四川、重庆、贵州、云南、西藏、福建、台湾、广东、广西、海南、香港和澳门。亚洲、欧洲、非洲、美洲、大洋洲均有分布。

小叶呈扇形，翠绿色，叶柄纤细，光滑，紫黑色，有"少女发丝"之美称，可室内盆栽供观赏，也可作庭园绿化阴湿处之点缀。

溪边凤尾蕨 *Pteris terminalis*

凤尾蕨科 Pteridaceae　　凤尾蕨属 *Pteris*

植株高达180厘米。根状茎短而直立，木质，先端被黑褐色鳞片。叶簇生；叶柄长70—90厘米，坚硬，粗健，基部暗褐色，向上为禾秆色，稍有光泽，无毛；叶片阔三角形，二回深羽裂；顶生羽片长圆状阔披针形，向上渐狭，先端渐尖并为尾状，篦齿状深羽裂几达羽轴，裂片20—25对，互生，几平展，镰刀状长披针形，先端渐尖，基部稍扩大，下侧下延，顶部不育叶叶缘有浅锯齿；叶轴禾秆色，上面有纵沟。

中国产于河南、陕西、甘肃、安徽、江苏、上海、浙江、江西、湖南、湖北、四川、重庆、贵州、云南、西藏、福建、台湾、广东、广西、海南、香港和澳门。日本、菲律宾、夏威夷群岛、斐济群岛、马来西亚、老挝、越南、印度（北部、锡金）、尼泊尔均有分布。

植株高大，株形优美，叶色翠绿，适合园林栽培，也可作盆栽美化家居环境。

茂兰保护区

- **分布：**凉水井和翁昂。
- **生境：**生于海拔600—800米的溪边疏林下或灌丛中。

栗蕨 Histiopteris incisa

碗蕨科 Dennstaedtiaceae　　栗蕨属 *Histiopteris*

茂兰保护区

- **分布：**立化。
- **生境：**生于海拔500—700米的山坡林下及溪边。

植株高达2米。根状茎长而横走，粗壮。叶柄基部有小瘤状突起，向上光滑；叶片三角形或长圆三角形，长达1米，二回至三回羽状，具1对托叶状小羽片，基部1对羽片较大；小羽片多数；叶脉网状，近叶缘的叶脉游离。叶干后草质或纸质，正面褐绿色，背面灰绿色，无毛。孢子囊群线形，沿叶缘着生，假盖膜质，宿存。

中国产于浙江、江西、湖南、贵州、云南、西藏、福建、台湾、广东、广西、海南和香港。日本、不丹、印度、马达加斯加，其他泛热带地区、南极洲附近岛屿也有分布。

植株形态优美，颜色翠绿，可种植于庭园或盆栽供观赏。

狭翅巢蕨 **Asplenium antrophyoides**

铁角蕨科 Aspleniaceae　　铁角蕨属 *Asplenium*

　　根状茎直立，粗短，木质。叶近革质，干后棕绿色或暗绿色，两面无毛；叶柄短或近无柄，两侧具宽翅几达基部；叶片倒披针形，向下骤窄而长下延，全缘有软骨质窄边，干后略反卷，主脉两面平，稍皱缩成小纵沟，禾秆色，无毛。孢子囊群线形，着生小脉上侧，具宽间隔，叶片中部以下不育；囊群盖线形，浅皱缩，膜质，全缘，宿存。

　　中国产于湖南、四川、贵州、云南、福建、广东和广西。越南、老挝和泰国也有分布。

　　植株翠绿，叶簇生，羽片纤细，长条形，可栽植于吊盆供观赏或用于石壁绿化。

茂兰保护区

- **分布：** 广布。
- **生境：** 生于海拔450—800米的岩壁或山沟林中树干上。

线裂铁角蕨 Asplenium coenobiale

铁角蕨科 Aspleniaceae   铁角蕨属 *Asplenium*

茂兰保护区

▪ **分布：** 广布。

▪ **生境：** 生于海拔450—1000米的林下石缝中。

植株高达30厘米。叶柄乌木色；叶片长三角形，细裂，三回羽状；羽片有柄或近无柄；小羽片上先出，基部一对椭圆形，羽状，二回至三回深裂，分裂极细，不育裂片狭线形，能育裂片较宽，全缘；叶脉隆起，不达叶缘。叶干后草绿色，薄草质；叶轴中部以下乌木色，具光泽，上面具纵沟。孢子囊群椭圆形，每能育裂片1个；囊群盖椭圆形，透明，全缘，开向叶缘，宿存。

中国产于福建、台湾、广东、广西、四川、贵州和云南。日本和越南也有分布。

植株小巧玲珑，羽片形态优美，可作假山及奇石盆景的配饰植物。

长叶铁角蕨 Asplenium prolongatum

铁角蕨科 Aspleniaceae   铁角蕨属 *Asplenium*

　　植株高达40厘米。根状茎直立。叶簇生；叶柄长8—18厘米，淡绿色；叶片线状披针形，二回羽状，羽片20—24对，叶脉明显，略隆起，每小羽片或裂片有1小脉，先端有水囊；叶近肉质，干后草绿色；叶轴与叶柄同色，顶端呈鞭状而生根，两侧有窄翅。孢子囊群狭线形，长2.5—5毫米，每小羽片或裂片1个，着生于小羽片中部上侧边；囊群盖同形，开向叶缘，宿存。

　　中国产于河南、甘肃、安徽、浙江、江西、湖南、湖北、四川、重庆、贵州、云南、西藏、福建、台湾、广东、广西、海南和香港。日本、韩国、越南、缅甸、马来西亚、印度、斯里兰卡、太平洋岛屿也有分布。

　　全株翠绿色，羽片纤细，可作盆栽或悬挂供观赏。

茂兰保护区

- **分布：**尧所、漏斗森林和洞多等地。
- **生境：**生于海拔450—900米的林中树干或潮湿岩石上。

叶基宽铁角蕨 Asplenium pulcherrimum

铁角蕨科 Aspleniaceae　　铁角蕨属 *Asplenium*

茂兰保护区

- **分布：**大七孔。
- **生境：**生于海拔450—600米的林下岩石上。

根状茎直立。叶柄紫黑色，圆柱状；叶片长三角形，基部截形，三回至四回羽状；羽片具短柄，基部羽片三角形至卵形；小羽片6—10对，二回羽状，顶生侧截形，基部侧楔形；叶轴中下部以下紫黑色，上轴绿色，具纵沟。孢子囊卵圆形，每能育裂片1个；囊群盖白色或灰色，椭圆形，膜质，透明，全缘，宿存。

中国产于重庆、福建、广东、广西、贵州、四川、台湾和云南。马来西亚和越南也有分布。

叶形优美，色泽翠绿，可与山石、盆景搭配。

岭南铁角蕨 Asplenium sampsoni

铁角蕨科 Aspleniaceae　　铁角蕨属 *Asplenium*

植株高15—30厘米。根状茎直立，先端密被鳞片。叶柄肉质，禾秆色或草绿色；叶片纺锤状披针形，二回羽状；羽片向下呈三角形，中部羽片椭圆形，略镰刀状；小羽片上先出，线形，基部与羽轴合生并以阔翅相连，裂片与小羽片同形而远较短；叶脉上面隆起，不达叶缘；叶近肉质，干后草绿色；叶轴棕禾秆色或草绿色，肉质，有纵沟，羽轴与叶片同色，两侧有宽翅。孢子囊群线形；囊群盖同形，开向叶缘，宿存。

中国产于贵州、云南、广东、广西和海南。越南也有分布。

小型蕨类，叶形优美，可盆栽供观赏。

茂兰保护区

- **分布：**常见。
- **生境：**生于海拔500—700米的石上。

石生铁角蕨 Asplenium saxicola

铁角蕨科 Aspleniaceae　　铁角蕨属 *Asplenium*

茂兰保护区

▪ **分布：**常见。

▪ **生境：**生于海拔500—700米的密林下潮湿岩石上。

植株高20—50厘米。根状茎直立，密被褐色鳞片。叶近簇生；叶柄长10—22厘米，灰禾秆色，基部密被鳞片；叶片宽披针形，先端渐尖并羽状，裂片少数，顶生1片多数三叉状，向下为一回羽状，羽片5—12对；叶脉两面均隆起呈沟脊状，主脉不明显，侧脉扇状分叉；叶干后，正面暗棕色，背面棕色，革质，两面均呈沟脊状。孢子囊群狭线形，单生于小脉上侧或下侧，每裂片3—6个（基部1对裂片有8—12个），近扇状排列；囊群盖狭线形，开向主脉或开向叶缘。

中国产于湖南、四川、重庆、贵州、云南、广东、广西和海南。越南也有分布。

小型蕨类，叶形奇特，四季常青，可盆栽供观赏。

乌毛蕨 Blechnum orientale

乌毛蕨科 Blechnaceae　　乌毛蕨属 *Blechnum*

　　根状茎粗短，直立，木质。叶二型；叶柄坚硬，无毛；叶片卵状披针形，一回羽状，羽片多数，下部的圆耳状，不育，向上的羽片长，中上部的能育，线形或线状披针形；叶脉上面明显，主脉隆起，有纵沟，小脉分离，单一或二叉，斜展或近平展、平行，密接；叶近革质，无毛；叶轴粗，棕禾秆色，无毛。孢子囊群线形，通常羽片上部不育；囊群盖线形，开向主脉，宿存。

　　中国产于浙江、江西、湖南、四川、重庆、贵州、云南、西藏、福建、台湾、广东、广西、海南、香港和澳门。日本、澳大利亚、太平洋岛屿，热带亚洲也有分布。

　　嫩叶为粉红色，成熟叶翠绿色，叶形优美，适合在园林花坛、林下、道路旁栽植，也可盆栽供观赏。

茂兰保护区

- **分布：** 洞多和五眼桥。
- **生境：** 生于海拔500—800米的较阴湿沟旁、山坡灌丛中或疏林下。

顶芽狗脊（单芽狗脊）Woodwardia unigemmata

乌毛蕨科 Blechnaceae　　狗脊属 *Woodwardia*

茂兰保护区

- **分布：** 广布。
- **生境：** 生于海拔600—1000米的疏林下或路边灌丛中。

植株高达2米。根状茎横卧。叶片长卵形或椭圆形，二回深羽裂；羽片宽楔形，基部对称，羽状深裂；裂片披针形，边缘具细密的尖锯齿，干后内卷；叶脉明显，主脉两侧各有一行；叶革质，干后棕色或褐棕色，无毛，近叶轴顶端常有1个或数个被棕色鳞片的腋生大芽胞。孢子囊群粗线形，着生于主脉两侧的窄长网眼上，陷入叶肉；囊群盖同形，成熟时开向主脉。

中国产于河南、陕西、甘肃、江西、湖南、湖北、四川、重庆、贵州、云南、西藏、福建、台湾、广东、广西和香港。日本、菲律宾、越南、缅甸、不丹、尼泊尔、印度、巴基斯坦、克什米尔地区也有分布。

大型植株，在羽轴顶端生有芽胞，可种植于庭园观赏，也可种植于路边美化道路。

流苏耳蕨 Polystichum fimbriatum

鳞毛蕨科 Dryopteridaceae　　耳蕨属 *Polystichum*

植株高63—92厘米。根状茎粗壮，直立，密被黄褐色线形鳞片。叶柄长19—34厘米，密被卵形红棕色鳞片；叶片线状，长44—58厘米，宽5—7厘米，基部不变狭，短渐尖头，一回羽状；羽片多达50对，互生，密接或呈覆瓦状、镰状椭圆形至披针形，基部侧呈尖耳状凸起，下侧斜切，先端圆钝而有一刺尖，边缘具长侧齿；叶脉羽状或二至三叉。孢子囊群圆形，近叶缘着生；囊群盖圆形，质厚，早落。

中国产于湖南、贵州和广西。越南也有分布。

羽片排列成瓦状，密被红棕色鳞片，具有极高的观赏性，适于假山造景或盆栽。

茂兰保护区

- **分布：** 甲乙、必左和凉水井等地。
- **生境：** 生于海拔450—800米的林缘或路边岩石上。

槲蕨 *Drynaria roosii*

水龙骨科 Polypodiaceae　　槲蕨属 *Drynaria*

茂兰保护区

- **分布：** 广布。
- **生境：** 生于海拔600米左右，附生在树上或岩石上。

附生。根状茎密被鳞片；鳞片盾状着生，边缘有齿。叶二型，基生不育叶圆形，基部心形，浅裂至叶片宽度的1/3；能育叶具窄翅，裂片7—13对，披针形，有不明显疏钝齿，叶脉两面均明显。孢子囊群圆形或椭圆形，在叶片背面沿裂片中脉两侧各排列成2—4行，成熟时相邻两侧脉间有圆形孢子囊群1行，或幼时成1行长形孢子囊群，混生腺毛。

中国产于青海、安徽、江苏、浙江、江西、湖南、湖北、四川、重庆、贵州、云南、福建、台湾、广东、广西和海南。越南、老挝、泰国、柬埔寨、印度也有分布。

附生蕨类，具奇特的二型叶，耐旱性良好，可垂吊种植，用于垂直绿化。

江南瓦韦（江南星蕨、江南盾蕨）Lepisorus fortunei

水龙骨科 Polypodiaceae 瓦韦属 Lepisorus

植株高30—100厘米。根状茎长而横走，顶部被鳞片；鳞片棕褐色，卵状三角形，顶端锐尖，基部圆形，具疏齿，筛孔较密，盾状着生，易脱落。叶柄禾秆色，上面有浅沟，基部疏被鳞片，向上近光滑；叶片线状披针形至披针形，基部渐狭并下延成狭翅，有软骨质的边；中脉隆起，侧脉不明显；叶厚纸质，两面无毛。孢子囊群大，圆形，沿中脉两侧排列成较整齐的1行或有时为不规则的2行，孢子豆形，周壁具不规则褶皱。

中国产于山东、河南、陕西、甘肃、安徽、江苏、浙江、江西、湖南、湖北、四川、重庆、贵州、云南、西藏、福建、台湾、广东、广西、海南和香港。越南、缅甸和马来西亚也有分布。

叶片四季常绿，生长势好，孢子囊群橘黄色，可盆栽供观赏。

茂兰保护区
- **分布：**广布。
- **生境：**生于海拔500—650米的林下岩石或树干上。

盾蕨 Lepisorus ovatus

水龙骨科 Polypodiaceae　　瓦韦属 Lepisorus

茂兰保护区

- **分布：**广布。
- **生境：**生于海拔450—1000米的常绿阔叶林下，附生于树干或岩石上。

　　植株高20—40厘米。根状茎横走，密生鳞片；鳞片卵状披针形，长渐尖头，边缘有疏锯齿。叶远生；叶柄密被鳞片；叶片卵状长圆形，基部或基部稍上处为最宽，向上渐变狭，基部圆形。孢子囊群在主脉两侧排成不整齐的4—5行，幼时被隔丝覆盖。

　　中国产于安徽、江苏、浙江、江西、湖南、湖北、四川、重庆、贵州、云南、福建、广东和广西。越南也有分布。

　　叶片盾状，青翠碧绿，可作地被植物或盆栽供观赏。

截基盾蕨 Lepisorus ovatus f. truncatus

水龙骨科 Polypodiaceae   瓦韦属 *Lepisorus*

植株高达36厘米。根状茎长而横走，疏被鳞片；鳞片卵形，渐尖头，淡棕色，质薄而透明。叶柄纤细，灰禾秆色，光滑；叶片长卵状三角形，渐尖头，基部楔形，稍内弯，略下延于叶柄顶部，全缘，干后革质，淡绿色，新鲜时侧脉间叶肉呈淡黄色，正面光滑，背面沿主脉两侧疏生褐色、透明的卵状披针形小鳞片；鳞片边缘有长刺突起；侧脉明显，近平展，相距约8毫米。孢子囊群小，圆形，每脉有1行，每行1—3个，远分开。

中国产于贵州、广西、四川和湖南。

株形优美，叶脉间具有黄色条斑，可盆栽供观赏或者栽植于庭园观赏。

茂兰保护区

- **分布：** 尧兰和漏斗森林。
- **生境：** 生于海拔500—800米的林下。

石蕨 *Pyrrosia angustissima*

水龙骨科 Polypodiaceae　　石韦属 *Pyrrosia*

茂兰保护区

- **分布：** 凉水井、漏斗森林和尧古。
- **生境：** 生于海拔500—800米的阴湿岩石或树干。

　　附生岩石蕨类，高10—12厘米。根状茎细长，横走，密被卵状披针形鳞片。叶一型，几无柄，基部具关节着生；叶片线形，钝尖头，基部渐窄缩；干后革质，叶片边缘向背面强烈翻卷，幼时正面疏生星状毛，背面密被黄色星状毛；中肋在叶背面明显隆起，在叶正面凹陷，小脉网状。孢子囊群线形，沿主脉两侧各成一行，幼时被反卷叶缘覆盖，成熟时胀开，孢子囊外露。

　　中国产于山西、河南、陕西、甘肃、安徽、浙江、江西、湖南、湖北、四川、重庆、贵州、云南、福建、台湾、广东和广西。日本、泰国也有分布。

　　叶肉质，可用于假山配景。

波氏石韦（截基石韦）Pyrrosia bonii

水龙骨科 Polypodiaceae　　石韦属 *Pyrrosia*

植株高30—50厘米。根状茎粗壮、横卧、先端密被披针形棕色鳞片。叶近生、一型；叶柄长15—24厘米，基部密被披针形鳞片，向上被两种星状毛，灰禾秆色；叶片椭圆状披针形，中部最宽，先端短渐尖，基部楔形，略下延，干后纸质，正面褐色，光滑，背面灰白色，具两种星状毛；主脉下面明显隆起，上面平坦。孢子囊群聚生于叶片的上半部，在主脉每侧排成多行，无盖，幼时被星状毛覆盖，呈淡灰棕色，成熟时彼此汇合，呈砖红色。

中国产于广西、湖北、重庆和贵州。越南也有分布。

小型植株，孢子囊群成熟时呈砖红色，可用于假山造景以及盆栽供观赏。

茂兰保护区

- **分布**：凉水井、漏斗森林和必左。
- **生境**：生于海拔500—800米的林下岩石上。

绒毛石韦 Pyrrosia subfurfuracea

水龙骨科 Polypodiaceae　　石韦属 *Pyrrosia*

茂兰保护区

- **分布：**广布。
- **生境：**生于海拔750—1000米的林下岩石上。

植株高40—60厘米。根状茎短促横卧，粗壮，密被披针形鳞片；鳞片长尾状渐尖头，棕色，膜质，全缘。叶近生，一型；叶柄从几无柄到具约15厘米的长柄，疏被星状毛，木质，禾秆色；叶片披针形，短渐尖头，基部具狭翅沿叶柄下延，有的几到叶柄基部，全缘，干后硬革质，正面绿色，光滑，背面灰绿色，被两种星状毛；主脉粗壮，两面均隆起。孢子囊群聚生于叶片上半部，在主脉两侧形成多行，彼此通常密接，幼时被星状毛，后裸露。

中国产于贵州、云南和西藏。印度、缅甸、越南也有分布。

具有一定的观赏价值，可用于假山配景或盆栽供观赏。

第二章

裸 子
植 物

华南五针松 Pinus kwangtungensis

松科 Pinaceae　　松属 *Pinus*

　　乔木，高达30米。幼树树皮平滑，老树树皮厚，褐色，裂成不规则的鳞状块片。一年生枝无毛，干后淡褐色。冬芽茶褐色，微被树脂。针叶5针一束，较粗短，长3.5—7厘米，直径1—1.5毫米，边缘有细齿，树脂道2—3，背面2个边生，腹面1个中生或缺。球果圆柱状长圆形或圆柱状卵形，长4—9厘米，直径3—6厘米，稀长达17厘米，直径达7厘米，熟时淡红褐色，微被树脂，柄长0.7—2厘米；种鳞鳞盾菱形，上端边缘较薄，微内曲或直伸。种子椭圆形或倒卵圆形，长0.8—1.2厘米，连同种翅近等长。花期4—5月，球果翌年10月成熟。

　　中国产于湖南、贵州、广西、广东和海南。

　　树干挺拔，枝繁叶茂，可作桩景或防护树。

茂兰保护区

- **分布：** 甲良、董港、板寨、尧桥及石上森林等地。
- **生境：** 生于海拔700—1000米的山地针阔混交林中。

翠柏 Calocedrus macrolepis

柏科 Cupressaceae 翠柏属 *Calocedrus*

乔木,高达30—35米。树皮红褐色、灰褐色或褐灰色。小枝互生,两列状。鳞叶两对交叉对生,成节状,小枝上下两面中央的鳞叶扁平,先端微急尖。雌雄球花分别生于不同短枝的顶端,雄球花矩圆形或卵圆形,黄色,每一雄蕊具3—5个花药;雌球花及球果所在小枝圆柱形或四棱形,其上着生6—24对交叉对生的鳞叶。球果矩圆形或长卵状圆柱形,熟时红褐色,长1—2厘米;种鳞3对,木质,扁平;种子近卵圆形或椭圆形,微扁,长约6毫米,暗褐色,上部有两个大小不等的膜质翅。

中国产于广西、云南、贵州、广东和海南。越南、缅甸也有分布。

枝叶浓密,色泽翠绿,可作城镇绿化和庭园观赏树种。

圆柏 *Juniperus chinensis*

柏科 Cupressaceae　　刺柏属 *Juniperus*

　　乔木。树皮成条片开裂，幼树树冠尖塔形，老时树冠广圆形。叶二型，刺叶生于幼树之上，老龄树则全为鳞叶，壮龄树兼有刺叶与鳞叶。雌雄异株，稀同株，雄球花黄色，椭圆形，雄蕊5—7对，常有3—4个花药。球果近圆球形，两年成熟，熟时暗褐色，被白粉或白粉脱落，有1—4粒种子。种子卵圆形，扁，顶端钝，有棱脊及少数树脂槽；子叶2，出土，条形，先端锐尖，背面有两条白色气孔带，正面则不明显。花期4月，翌年11月果熟。

　　中国产于内蒙古、河北、山西、山东、江苏、浙江、福建、安徽、江西、河南、陕西、甘肃、四川、湖北、湖南、贵州、广东、广西及云南。朝鲜和日本也有分布。

　　树形优美，姿态奇古，可独树成景，也可列植于道路两旁，是我国传统园林树种。

茂兰保护区

- **分布：**常见。
- **生境：**生于中性土、钙质土及微酸性土上。

罗汉松 Podocarpus macrophyllus

罗汉松科 Podocarpaceae　　罗汉松属 *Podocarpus*

茂兰保护区

- **分布：** 石上森林。
- **生境：** 生于海拔约850米的林中。

　　乔木，高达20米，胸径达60厘米。树皮灰色或灰褐色，浅纵裂，成薄片状脱落。枝开展或斜展，较密。叶螺旋状着生，条状披针形，微弯，先端尖，基部楔形，正面深绿色，有光泽，中脉显著隆起，背面中脉微隆起。雄球花穗状，腋生，常3—5朵簇生于极短的总梗上，基部有数个三角状苞片；雌球花单生叶腋，有梗，基部有少数苞片。种子卵圆形，直径约1厘米，先端圆，熟时肉质假种皮紫黑色，有白粉；种托肉质圆柱形，红色或紫红色。花期4—5月，种子8—9月成熟。

　　中国产于江苏、浙江、福建、安徽、江西、湖南、四川、云南、贵州、广西和广东。日本也有分布。

　　四季常绿，株形优美，枝叶繁茂，可矮化作盆栽供观赏，也可作庭园观赏树种。

百日青 Podocarpus neriifolius

罗汉松科 Podocarpaceae   罗汉松属 *Podocarpus*

乔木，高达25米，胸径约50厘米。树皮灰褐色，薄纤维质，成片状纵裂。枝条开展或斜展。叶螺旋状着生，披针形，厚革质，长7—15厘米，宽9—13毫米，上部渐窄，先端有渐尖的长尖头，萌生枝上的叶稍宽、有短尖头，基部渐窄，楔形，有短柄，正面中脉隆起，背面中脉微隆起或近平。雄球花穗状，单生或2—3朵簇生，总梗较短，基部有多数螺旋状排列的苞片。种子卵圆形，顶端圆或钝，熟时肉质假种皮紫红色；种托肉质橙红色，梗长9—22毫米。花期5月，种子10—11月成熟。

中国产于福建、广东、广西、贵州、湖南、江西、四川、西藏、云南和浙江。尼泊尔、印度（锡金）、不丹、缅甸、越南、老挝、印度尼西亚及马来西亚也有分布。

枝叶茂密且浓绿，树形高大，可作庭园观赏树木。

茂兰保护区

- **分布：**平寨、板寨和高望。
- **生境：**生于海拔620—900米的林中。

短叶穗花杉 Amentotaxus argotaenia var. brevifolia

红豆杉科 Taxaceae 穗花杉属 *Amentotaxus*

茂兰保护区

- **分布：** 莫干。
- **生境：** 生于海拔760—800米的常绿落叶阔叶混交林中。

小乔木，高达7米。树皮灰褐色，裂成薄片脱落。叶对生，具短柄，条状披针形，厚革质，直或微弯镰状，长2—3.7厘米，宽5—7毫米，背面有两条与绿色边带等宽或近等宽的粉白色气孔带。雌雄异株；雄球花交互对生，排成穗状，通常2—4穗生于小枝顶端，长1.5—5.5厘米，每雄花具2—5个花药；雌球花生于当年生枝的叶腋或茎腋，有6—10对交互对生的苞片，胚珠单生。种子下垂，椭圆形，被囊状假种皮所包，成熟时假种皮鲜红色，基部具宿存的苞片；种梗长1—1.4厘米，扁四棱形。

中国产于贵州。

假种皮鲜红色，极为艳丽，可独树成景。

篦子三尖杉 **Cephalotaxus oliveri**

红豆杉科 Taxaceae　　三尖杉属 *Cephalotaxus*

　　灌木，高达4米。树皮灰褐色。叶条形，质硬，紧密平展成两列，长1.5—3.2厘米，宽3—4.5毫米，基部截形或微呈心形，几无柄，先端凸尖，正面深绿色，背面气孔带白色，较绿色边带宽1—2倍。雄球花6—7朵聚生成头状花序，基部及总梗上部有10余个苞片，每一雄球花基部有1个广卵形的苞片，雄蕊6—10，花药3—4，花丝短。种子倒卵圆形、卵圆形或近球形，长约2.7厘米，直径约1.8厘米，顶端中央有小凸尖，有长梗。花期3—4月，种子8—10月成熟。

　　中国产于广东、江西、湖南、湖北、四川、贵州和云南。越南也有分布。

　　枝叶繁茂，种子成熟时暗红色，可作庭园观赏树种。

茂兰保护区

- **分布**：翁昂。
- **生境**：生于海拔700米左右的林中。

粗榧 **Cephalotaxus sinensis**

红豆杉科 Taxaceae　　三尖杉属 *Cephalotaxus*

茂兰保护区

▪ **分布：**莫干。

▪ **生境：**生于海拔500—900米的林中。

　　小乔木。树皮灰色或灰褐色，薄片状脱落。叶线形，排列成两列，长2—5厘米，宽约3毫米，基部近圆形，近无柄，正面中脉明显，背面具两条白色气孔带。雄球花6—7朵聚生成头状，基部及花序梗上有多数苞片；雄球花卵圆形，基部有一苞片，雄蕊4—11，花丝短，花药2—4。种子通常2—5粒，卵圆形至近球形，长1.8—2.5厘米，顶端中央有一小尖头。花期3—4月，种子8—10月成熟。

　　中国产于安徽、福建、甘肃、广东、广西、贵州、河南、湖北、湖南、江苏、江西、陕西、四川、台湾、云南和浙江。

　　常绿树种，树冠整齐，可独树成景。

红豆杉 Taxus wallichiana var. chinensis

红豆杉科 Taxaceae　　红豆杉属 *Taxus*

乔木，高达30米，胸径达60—100厘米。树皮灰褐色、红褐色或暗褐色，条状脱落。大枝开展，一年生枝绿色或黄绿色，秋季变成黄绿色或红褐色。叶2列，条形，长1—3厘米，宽2—4毫米，上部微渐窄，正面深绿色，有光泽，背面黄绿色，有2条气孔带，中脉带上有密生圆形角质乳头状突起，常与气孔带同色。雄球花淡黄色，雄蕊8—14，花药4—8。种子生于杯状红色肉质的假种皮中，常呈卵圆形，上部渐窄，常具2钝棱脊，种脐近圆形或宽椭圆形。

中国产于甘肃、陕西、四川、云南、贵州、湖北、湖南、广西和安徽。

四季常青，树形优美，可矮化作盆景观赏，也可作观赏树种植于庭园。

茂兰保护区

- **分布：** 莫干。
- **生境：** 常生于海拔760—800米处。

南方红豆杉 *Taxus wallichiana* var. *mairei*

红豆杉科 Taxaceae 红豆杉属 *Taxus*

茂兰保护区

- **分布：**莫干和翁昂。
- **生境：**常生于海拔约800米的山地。

乔木，高达30米。树皮灰褐色、红褐色或暗褐色，条状脱落。叶较宽长，多呈弯镰状，通常长2—3.5厘米，宽3—4毫米，背面中脉带上无角质乳头状突起，或局部尤其是与气孔带相邻的中脉带两边有角质乳头状突起，中脉带明显可见，其色泽与气孔带相异，呈淡黄绿色或绿色，绿色边带较宽而明显。种子较红豆杉大，微扁，多呈倒卵圆形，上部较宽，稀柱状矩圆形，长7—8毫米，直径约5毫米，种脐常呈椭圆形。

中国产于安徽、浙江、台湾、福建、江西、广东、广西、湖南、湖北、河南、陕西、甘肃、四川、贵州和云南。

枝叶浓郁，树形优美，种子色泽美观，可作庭园观赏树种。

第三章

被子植物

红茴香 **Illicium henryi**

五味子科 Schisandraceae　　八角属 *Illicium*

灌木或乔木，高3—8米。树皮灰褐色至灰白色。芽近卵形。叶互生或2—5片簇生，革质，倒披针形至倒卵状椭圆形，先端长渐尖，基部楔形；叶柄长7—20毫米，上部具狭翅。花粉红色至深红色、暗红色，腋生或近顶生，单生或2—3朵簇生；花梗细长；花被片10—15，最大的花被片长圆状椭圆形或宽椭圆形；雄蕊11—14，药室明显凸起；心皮通常7—9枚，有时可达12枚，花柱钻形。果梗长15—55毫米；蓇葖果7—9，先端明显钻形，细尖，尖头长3—5毫米。花期4—6月，果期8—10月。

中国产于陕西、甘肃、安徽、江西、福建、河南、湖北、湖南、广东、广西、四川、贵州和云南。

花红色，叶翠绿，具有一定的观赏价值。

茂兰保护区

- **分布：** 平寨。
- **生境：** 生于海拔500—800米山地、丘陵、盆地的密林、疏林、灌丛、山谷、溪边或峡谷的悬崖峭壁上，喜阴湿。

黑老虎 Kadsura coccinea

五味子科 Schisandraceae　南五味子属 *Kadsura*

茂兰保护区

- **分布：** 板寨和立化。
- **生境：** 生于海拔约620米的林中。

藤本，全株无毛。叶革质，长圆形至卵状披针形，全缘；叶柄长1—2.5厘米。花单生于叶腋，雌雄异株；雄花花被片红色，10—16片，中轮最大者椭圆形，最内轮3片明显增厚，肉质，花托长圆锥形，顶端具分枝的钻状附属体，雄蕊群椭圆体形或近球形，具雄蕊14—48枚；雌花花被片与雄花相似，花柱短钻状，顶端无盾状柱头冠，心皮长圆体形，50—80枚。聚合果近球形，红色或暗紫色；小浆果倒卵形，外果皮革质。种子心形或卵状心形。花期4—7月，果期7—11月。

中国产于安徽、福建、贵州、江西、湖南、广东、香港、海南、广西、四川和云南。越南也有分布。

茎叶四季常青，繁茂，花、果均具有观赏价值，可盆栽供观赏或用于园林绿化。

南五味子 **Kadsura longipedunculata**

五味子科 Schisandraceae　　南五味子属 *Kadsura*

藤本，全株无毛。叶长圆状披针形至卵状长圆形，边有疏齿，侧脉每边5—7条，正面具淡褐色透明腺点；叶柄长0.6—2.5厘米。花单生于叶腋，雌雄异株；雄花花被片白色或淡黄色，8—17片，椭圆形，花托椭圆形，雄蕊群球形，雄蕊长1—2毫米，药室几与雄蕊等长，花丝极短；雌花花被片与雄花相似，雌蕊群球形，子房宽卵圆形，花柱具盾状心形的柱头冠，胚珠3—5颗叠生于腹缝线上；花梗长3—13厘米。聚合果球形；小浆果倒卵圆形，薄革质。种子2—3粒，肾形。花期6—9月，果期9—12月。

中国产于贵州、江苏、安徽、浙江、江西、福建、湖北、湖南、广东、广西、四川和云南。

枝叶繁茂，花具香味，聚合果红色鲜艳，具有很高的观赏价值，可作庭园和公园绿化树种。

茂兰保护区

▪ **分布：**莫干、板寨、洞多和立化等地。

▪ **生境：**生于海拔450—700米的山坡和林中。

绿叶五味子 Schisandra arisanensis subsp. viridis

五味子科 Schisandraceae　五味子属 Schisandra

茂兰保护区

- **分布：** 吉洞。
- **生境：** 生于海拔约760米的山沟、溪谷丛林或林间。

　　落叶木质藤本，全株无毛。叶纸质，卵状椭圆形，长4—16厘米，宽2—4（7）厘米，先端渐尖，基部钝或阔楔形，中上部边缘具粗齿。雄花花梗长达5厘米，花被片6—8，黄绿色，阔椭圆形至近圆形，雄蕊群倒卵圆形或近球形，花托椭圆状圆柱形，顶端具盾状附属物，雄蕊10—20；雌花花梗长达7厘米，花被片与雄花的相似，雌蕊群近球形。聚合果果皮具黄色腺点。种子肾形，种皮具皱纹或小瘤点。花期4—6月，果熟期7—9月。

　　中国产于安徽、浙江、江西、福建、湖南、广东、广西和贵州。

　　藤本姿态多变，蜿蜒盘旋，花色鲜艳，聚合果小巧玲珑，十分可爱，可盆栽供观赏，也可作绿化树种。

裸蒴 Gymnotheca chinensis

三白草科 Saururaceae　　裸蒴属 *Gymnotheca*

　　无毛草本。茎纤细匍匐，节上生根。叶纸质，肾状心形，长3—6.5厘米，宽4—7.5厘米，顶端阔短尖或圆，基部具2耳，边全缘或有不明显的细圆齿；叶柄与叶片近等长；托叶膜质，基部扩大抱茎，叶鞘长为叶柄的1/3。花序单生；花序轴两侧具阔棱或几成翅状；苞片倒披针形；花药长圆形，纵裂，花丝与花药近等长或稍长，基部较宽；子房长倒卵形，花柱线形，外卷。花期4—11月。

　　中国产于湖北、湖南、广东、广西、云南、贵州和四川。

　　叶形美观，颜色翠绿，可盆栽供观赏。

茂兰保护区

- **分布：** 螃蟹沟和空穴谷。
- **生境：** 生于海拔700米左右的水旁或林谷中。

蕺菜（鱼腥草）**Houttuynia cordata**

三白草科 Saururaceae　蕺菜属 *Houttuynia*

茂兰保护区

▪ **分布：**常见。

▪ **生境：**生于沟边、溪边或林下湿地。

　　多年生草本，高达60厘米。茎下部伏地，上部直立，无毛或节被柔毛，有时紫红色。叶薄纸质，密被腺点，卵形或阔卵形，长4—10厘米，宽2.5—6厘米，先端短渐尖，基部心形，下面常带紫色；叶柄长1—3.5厘米；托叶膜质。穗状花序顶生或与叶对生，基部多具4片白色花瓣状苞片；花小；雄蕊3，长于花柱，花丝下部与子房合生；花柱3，外弯。蒴果长2—3毫米，顶端有宿存的花柱。花期4—7月。

　　中国产于安徽、福建、甘肃、广东、广西、贵州、海南、河南、湖北、湖南、江西、陕西、四川、台湾、西藏、云南和浙江。不丹、印度、印度尼西亚、日本、朝鲜、缅甸、尼泊尔和泰国也有分布。

　　叶茂花繁，生命力强，可制作盆景，也可栽植于庭园阴湿处观赏。

山蒟 Piper hancei

胡椒科 Piperaceae　胡椒属 *Piper*

　　攀援藤本，长达10余米，除花序轴及苞片基部外，均无毛。叶卵状披针形或椭圆形，稀披针形，长6—12厘米，先端短尖或渐尖，基部渐窄或楔形；叶脉5（—7），最上1对互生，离基1—3厘米，网脉明显；叶柄长0.5—1.2厘米。花单性，雌雄异株，穗状花序与叶对生；雄花序黄色，长6—10厘米，花序轴被柔毛；苞片近圆形，宽约0.8毫米，近无柄，盾状，腹面疏被柔毛；雄蕊2；雌花序长约3厘米，子房离生，柱头（3）4。核果球形，黄色，直径2.5—3毫米。花期3—8月。

　　中国产于浙江、福建、江西、湖北、湖南、广东、广西、贵州和云南。

　　叶茂浓绿，观赏价值极高，攀附能力强，可作城市立体绿化树种。

茂兰保护区
- **分布：**凉水井。
- **生境：**生于海拔450—800米的林中，攀缘于树上或石上。

短尾细辛 Asarum caudigerellum

马兜铃科 Aristolochiaceae　　细辛属 *Asarum*

茂兰保护区

- **分布：** 凉水井、尧兰和翁昂。
- **生境：** 生于海拔450—700米的林下阴湿地或水边岩缝中。

　　多年生草本，高达30厘米。叶片心形，对生，长3—7厘米，宽2—4厘米，顶端渐尖或长渐尖，基部心形，叶面散生柔毛，脉上较密，叶背仅脉上被毛，叶缘在中部常内凹；叶柄长4—18厘米；芽苞叶阔卵形。花被具短管，被长柔毛，大部分与子房合生，具6纵棱；裂片三角状卵形，先端具短尾尖，长3—4毫米，常内曲，被长柔毛；雄蕊12，花丝较花药稍长，药隔舌状，伸出；花柱合生，柱头6。果肉质，近球形。花期4—5月。

　　中国产于湖北、四川、云南和贵州。

　　叶形奇特，颜色浓绿，可盆栽供观赏或丛植于庭园中观赏。

尾花细辛 **Asarum caudigerum**

马兜铃科 Aristolochiaceae　　细辛属 *Asarum*

　　多年生草本，全株被柔毛。叶宽卵形、三角状卵形或卵状心形，长4—10厘米，先端尖或渐尖，基部耳状或心形，正面疏被长柔毛，背面毛较密；叶柄长5—20厘米，被毛；芽苞叶卵形或卵状披针形，背面及边缘密生柔毛。花被绿色，被紫红色簇生毛；花梗长1—2厘米，被柔毛；花被片卵状长圆形，直伸，具长达1.2厘米尾尖；花被筒直径0.8—1厘米，内被柔毛，具纵纹；雄蕊长于花柱，药隔伸出；子房下位，具6棱。果近球状，直径约1.8厘米，花被宿存。花期4—5月。

　　中国产于浙江、江西、福建、台湾、湖北、湖南、广东、广西、四川、贵州和云南。越南也有分布。

　　叶卵状心形，碧绿青翠，可盆栽供观赏或栽植于庭园观赏。

茂兰保护区

- **分布：**高望。
- **生境：**生于海拔550—700米的林下、溪边和路旁阴湿地。

地花细辛 *Asarum geophilum*

马兜铃科 Aristolochiaceae   细辛属 *Asarum*

茂兰保护区

▪ **分布：** 永康和翁昂。

▪ **生境：** 生于海拔450—700米的密林下或山谷湿地。

多年生草本，全株疏被柔毛。叶圆心形、卵状心形或宽卵形，长5—10厘米，宽5.5—12.5厘米，顶端钝或急尖，基部心形，叶面散生短毛或无毛，叶背初被密生柔毛，后渐脱落；叶柄长3—15厘米，密被黄棕色柔毛；芽苞叶卵形或长卵形，密生柔毛。花紫色；花梗长5—15毫米，具毛；花被片卵圆形，淡绿色，密被紫色点状簇生毛，边缘金黄色；花被筒具凸环；雄蕊花丝稍短于花药，药隔伸出；柱头线形。果卵圆形，褐黄色，花被宿存。花期4—6月。

中国产于广东、广西和贵州。

叶被柔毛，颜色翠绿，具有极高的观赏价值，可盆栽供观赏或丛植于庭园观赏。

木论木兰 **Lirianthe mulunica**

木兰科 Magnoliaceae　　长喙木兰属 *Lirianthe*

常绿小乔木。叶厚革质，狭椭圆形，长12—20厘米，宽2.5—4厘米，先端长渐尖至尾尖，基部楔形，正面无毛，背面被微柔毛，边缘稍反卷；叶柄长1—3厘米。花芳香，顶生或腋生，花蕾绿色；花梗下弯，被褐色柔毛；花被片9；卵状椭圆形，基部密被淡黄色的平伏柔毛，外轮3片绿色，其余花瓣白色；雄蕊白色；雌蕊11—12，被微柔毛。聚合果椭圆形，成熟蓇葖椭圆形，具凸起瘤点，顶端具长喙。种子红色。花期4—6月，果期9—10月。

中国产于广西和贵州。

花朵纯白且芳香，果实色泽鲜艳，可作园林树种。

茂兰保护区

- **分布：** 常见。
- **生境：** 生于海拔540—750米的林中。

鹅掌楸 Liriodendron chinense

木兰科 Magnoliaceae　　鹅掌楸属 *Liriodendron*

茂兰保护区

▪ **分布：** 立化。

▪ **生境：** 生于海拔660—800米的山地林中。

　　乔木，高达40米。小枝灰色或灰褐色。叶马褂状，长4—12厘米，近基部每边具1侧裂片，先端具2浅裂，背面苍白色；叶柄长4—8厘米。花杯状；花被片9，外轮3片绿色，萼片状，向外弯垂，内两轮6片，直立，花瓣状，倒卵形，长3—4厘米，绿色，具黄色纵条纹；花药长10—16毫米，花丝长5—6毫米；花期时雌蕊群超出花被之上，心皮黄绿色。聚合果长7—9厘米；具翅的小坚果长约6毫米，顶端钝或钝尖，具种子1—2粒。花期5月，果期9—10月。

　　中国产于陕西、安徽、浙江、江西、福建、湖北、湖南、广西、贵州、四川和云南。越南也有分布。

　　叶形奇特，似马褂，花叶均具有观赏价值，可作行道树供观赏。

石山木莲 Manglietia aromatica var. calcarea

木兰科 Magnoliaceae　　木莲属 *Manglietia*

　　乔木，高达14米。叶革质，倒卵状椭圆形，长14.5—20厘米，宽3.5—7厘米，先端圆，具短尖头，基部渐窄；叶柄长2.8—3.8厘米，基部膨胀。花被片11—12，3—4轮排列，白色或粉红色，外轮倒卵状椭圆形，厚革质，顶端圆，外面中部淡紫红色，内轮近倒卵状匙形；雄蕊多数，长约1.2厘米，花丝长约2毫米；雌蕊长约1厘米。聚合果卵状球形。花期4—5月，果期8—9月。

　　中国产于贵州。

　　花白色或粉红色，花翘立枝头似华灯初上，具有极高的观赏价值，可作行道树供观赏。

茂兰保护区

- **分布：**坡岭、洞多、洞常和瑶寨。
- **生境：**生于海拔650—820米的林中。

狭叶含笑 Michelia angustioblonga

木兰科 Magnoliaceae 含笑属 *Michelia*

茂兰保护区

- **分布：** 常见。
- **生境：** 生于海拔700—850米的密林中。

　　小乔木，高约4米，毛被平伏，有光泽。芽密被褐色长柔毛。小枝黑色。叶革质，狭长圆形，长6.5—10厘米，宽1.5—2.5厘米，先端钝，基部楔形或宽楔形，正面深绿色，无毛，背面灰绿色，被柔毛，干时两面有密的网脉；叶柄长1—1.5厘米；托叶与叶柄离生，无托叶痕。花梗被疏柔毛；花被2轮，每轮3片，白色，倒披针形，外轮3片长1.8—2厘米，宽4—5毫米，内轮3片长1.4—1.6厘米；雄蕊长11—15毫米，雌蕊群隐藏其中，花药长6—10毫米，药隔凸出成短尖；雌蕊群狭椭圆体形，长约1厘米，雌蕊群柄长约3毫米，心皮被褐色微柔毛。果未见。

　　中国产于贵州。

　　常绿乔木，花色纯白，具有极高的观赏价值，可作行道树使用。

深山含笑 **Michelia maudiae**

木兰科 Magnoliaceae   含笑属 *Michelia*

乔木，高达20米，全株无毛。树皮薄。芽、嫩枝、叶背面、苞片均被白粉。叶革质，长圆状椭圆形，正面深绿色，有光泽，侧脉至近叶缘开叉网结、网眼致密；叶柄无托叶痕。花梗绿色；佛焰苞状苞片淡褐色，薄革质，长约3厘米；花被片9，纯白色，基部稍呈淡红色；雄蕊长1.5—2.2厘米，药隔伸出长1—2毫米的尖头，花丝宽扁，淡紫色；雌蕊群长1.5—1.8厘米，雌蕊群柄长5—8毫米，心皮绿色，狭卵圆形。聚合果长7—15厘米。种子红色，斜卵圆形，稍扁。花期2—3月，果期9—10月。

中国产于浙江、福建、湖南、广东、广西和贵州。

叶色翠绿，花果均具有观赏价值，可作行道树供观赏。

茂兰保护区

- **分布：**莫干和永康。
- **生境：**生于海拔680—750米的密林中。

焕镛木 Woonyoungia septentrionalis

木兰科 Magnoliaceae　焕镛木属 *Woonyoungia*

茂兰保护区

- **分布**：板寨、洞腮、高望、洞多、洞常、拉八、吉洞、尧兰和弄用。
- **生境**：生于海拔450—700米的林中。

乔木，高达18米。树皮灰色。小枝绿色。叶革质，椭圆状长圆形，无毛。花单性异株；雄花花被片白色带淡绿色，外轮3片倒卵形，内轮2片椭圆形，雄蕊群白色带淡黄色，倒卵圆形，雄蕊长1.8—2.5厘米，花药侧裂，药隔伸出长2—3毫米的舌状尖头；雌花外轮花被片3，倒卵形，内轮花被片8—10，线状披针形，雌蕊群绿色，倒卵圆形，有雌蕊6—9，花柱短，柱头面鸡冠状。聚合果近球形，果皮革质，熟时红色，直径3.5—4厘米。种子外种皮红色，豆形或心形。花期5—6月，果期10—11月。

中国产于广西和贵州。

树干高大挺拔，树形优美，可作行道树供观赏。

阔叶瓜馥木 **Fissistigma chloroneurum**

番荔枝科 Annonaceae   瓜馥木属 *Fissistigma*

攀援灌木，长达12米。叶纸质，长圆形，长14—30厘米，宽5.5—12厘米，基部截平略呈浅心形；侧脉每边18—20条，上面扁平，下面凸起；叶柄长8—20毫米。花黄白色；花梗被黄褐色短柔毛，中部有卵形小苞片；花蕾宽卵形；萼片小，外被短柔毛；外轮花瓣卵状长圆形，被黄褐色短柔毛，内轮花瓣卵状三角形，外被短柔毛；雄蕊长圆形，药隔顶端圆形；心皮卵状长圆形，柱头顶端全缘。果近圆球状，直径3.5—4厘米，内有种子10粒，2排。花期3—11月，果期7月至翌年1月。

中国产于贵州、广西和云南。

植株藤状，蜿蜒曲折，枝条柔美，叶片光亮，色泽翠绿，花黄白色、芳香，可用于庭园观赏或作园林绿化树种。

茂兰保护区

■ **分布：**常见。

■ **生境：**生于海拔450—650米的丘陵山地疏林潮湿地。

野独活 **Miliusa balansae**

番荔枝科 Annonaceae　　野独活属 *Miliusa*

茂兰保护区

- **分布：**高望、板寨、吉洞和小七孔。
- **生境：**生于海拔600—760米的山地密林中或山谷灌木林中。

灌木，高达5米。叶膜质，椭圆形或椭圆状长圆形，长7—15厘米，宽2.5—4.5厘米，顶端渐尖或短渐尖，基部宽楔形或圆形，偏斜，无毛或中脉两面及叶背面侧脉被疏微柔毛，后无毛；叶柄长2—3毫米。花红色，单生叶腋；花梗细长；萼片卵形，被柔毛；外轮花瓣较萼片稍长，内轮花瓣边缘靠合，卵形；雄蕊倒卵形；心皮弯月形，稍被紧贴柔毛，每心皮2—3颗胚珠，柱头圆柱状，稍外弯，被微毛。果圆球状；果柄纤细；总果柄柔弱，基部细，向顶端增粗，无毛，有小瘤体。种子1—3粒。花期4—7月，果期7—12月。

中国产于广东、广西、云南、贵州和海南。越南也有分布。

叶色浓绿，花具有极高的观赏价值，可作园林绿化树种。

中华野独活 Miliusa sinensis

番荔枝科 Annonaceae　　野独活属 *Miliusa*

　　乔木。小枝、叶背、叶柄、苞片、花梗、花萼两面及花瓣两面均被柔毛。叶薄纸质，椭圆形或长椭圆形，长5—13厘米，宽2—5厘米，叶面被疣体。花单生叶腋；花梗长3.5—7.5厘米，基部具2—4枚小苞片；萼片披针形，开展；外轮花瓣与萼片等大，内轮花瓣紫红色，花瓣片卵圆形；药隔具尖头；心皮具柔毛，每心皮2颗胚珠，柱头全缘。果圆球状或倒卵状，长7—10毫米，直径7—8毫米，成熟时紫黑色。种子1—2粒，椭圆状球形，种皮膜质。花期4—9月，果期7—12月。

　　中国产于广东、广西、云南和贵州。

　　花倒挂于枝头，小巧可爱，可作园林绿化树种。

茂兰保护区

- **分布：** 翁昂、板寨、小七孔和永康。
- **生境：** 生于海拔500—850米的山地密林或山谷灌木林中。

小花青藤 Illigera parviflora

莲叶桐科 Hernandiaceae 青藤属 Illigera

茂兰保护区

- **分布：** 常见。
- **生境：** 生于海拔450—900米的山地密林、疏林或灌丛中。

攀援灌木。三出复叶互生；叶柄长4—8厘米，部分卷曲用于攀援；小叶纸质，椭圆状披针形，长7—14厘米，宽3—7厘米，先端渐尖，基部阔楔形；小叶柄长1.2—2.5厘米。圆锥花序聚伞状，腋生，密被灰褐色微柔毛；花绿白色，两性，有小苞片；花萼管顶端缢缩；萼片5，绿色，椭圆状长圆形；花瓣白色，外面被毛；雄蕊5，花丝被微柔毛；退化雄蕊10，条状；子房和花柱有灰色柔毛。果具4翅，较大的长3.5—4.5厘米，较小的长0.5—1厘米。花期5—10月，果期11—12月。

中国产于云南、贵州、广西、广东、海南和福建。

叶色浓绿，花白绿色，具有一定的观赏价值，可作行道树供观赏。

阴香 **Cinnamomum burmanni**

樟科 Lauraceae　　樟属 *Cinnamomum*

　　乔木，高达14米。树皮灰褐色至黑褐色，平滑。叶卵形至披针形，长5.5—10.5厘米，顶端短渐尖，基部宽楔形，两面均无毛，离基三出脉；叶柄无毛，长0.5—1.2厘米。聚伞花序具3花，花序长3—6厘米，花序梗与序轴均密被灰白色微柔毛；花被片长圆状卵形，两面密被灰白色柔毛；能育雄蕊长约3毫米，花丝及花药背面被柔毛，退化雄蕊被柔毛。果卵圆形。花期10月至翌年2月，果期12月至翌年4月。

　　中国产于云南、贵州、广西、广东、海南、江西和福建。印度、缅甸、越南、印度尼西亚和菲律宾也有分布。

　　叶色浓绿，可独树成景，可作行道树供观赏。

茂兰保护区

- **分布：** 必达等地。
- **生境：** 生于海拔450—650米的疏林、密林或灌丛中。

香叶树 Lindera communis

樟科 Lauraceae　山胡椒属 *Lindera*

茂兰保护区

- **分布：**洞湖、高望、尧桥、拉滩、水尧、板寨、尧古和莫干。
- **生境：**常见于干燥沙质土壤，散生或混生于常绿阔叶林中。

　　常绿乔木或灌木，高3—4米。幼枝初被短柔毛，后无毛。顶芽卵圆形。叶披针形至椭圆形，长4—9厘米，宽1.5—3.5厘米，先端骤尖或近尾尖，基部宽楔形或近圆形，被黄褐色柔毛，后渐脱落；叶柄长5—8毫米，近无毛或被黄褐色微柔毛。伞形花序具5—8花，单生或2个并生叶腋；花被片6，卵形，近等大；雄花雄蕊9，3轮，退化雌蕊子房卵圆形；雌花柱头盾形，具乳突，退化雄蕊9，线形。果卵圆形，红色。花期3—4月，果期9—10月。

　　中国产于陕西、甘肃、湖南、湖北、江西、浙江、福建、台湾、广东、广西、云南、贵州和四川。中南半岛也有分布。

　　叶色浓绿，果实色泽鲜艳，可独树成景，可作行道树供观赏。

宽叶金粟兰 **Chloranthus henryi**

金粟兰科 Chloranthaceae　　金粟兰属 *Chloranthus*

多年生草本，高达65厘米。茎直立，单生或数个丛生，下部节上对生2鳞叶。叶对生，通常4片生于茎上部，纸质，宽椭圆形至倒卵形，长9—18厘米，宽5—9厘米，具腺齿，背面中脉及侧脉被鳞毛；叶柄长达1.2厘米；鳞叶卵状三角形，膜质；托叶钻形。穗状花序顶生，常二歧或总状分枝；苞片宽卵状三角形；花白色；雄蕊3，药隔长约3毫米；无花柱。核果球形，直径约3厘米，具短柄。花期4—6月，果期7—8月。

中国产于陕西、甘肃、安徽、浙江、福建、江西、湖南、湖北、广东、广西、贵州和四川。

叶形奇特，色泽翠绿，花序优美，可栽植于庭园阴湿处供观赏。

茂兰保护区

- **分布：** 翁昂。
- **生境：** 生于海拔500—800米的山坡林下阴湿地或路边灌丛中。

金钱蒲 Acorus gramineus

菖蒲科 Acoraceae　　菖蒲属 *Acorus*

茂兰保护区

▪ **分布：**常见。

▪ **生境：**生于海拔450—700米的水旁湿地或石上。

多年生草本，高20—30厘米。根茎较短，横走或斜伸，芳香，外皮淡黄色，节间长1—5毫米；根肉质，多数；须根密集。根茎上部多分枝。叶基对折，两侧膜质叶鞘棕色。叶片质地较厚，线形，绿色，长20—30厘米，宽不足6毫米，无中肋。花序柄长2.5—9厘米；叶状佛焰苞短，长3—9厘米，为肉穗花序长的1—2倍，宽1—2毫米；肉穗花序黄绿色，圆柱形。果黄绿色。花期5—6月，果7—8月成熟。

中国产于浙江、江西、湖北、湖南、广东、广西、陕西、甘肃、四川、贵州、云南和西藏。

叶色翠绿，肉穗花序黄绿色，具有极高的观赏价值，可盆栽供观赏或作园林绿化植物。

海芋 *Alocasia odora*

天南星科 Araceae　　海芋属 *Alocasia*

　　大型常绿草本，具匍匐根茎和直立茎。叶多数，亚革质，草绿色，箭状卵形，长50—90厘米，边缘波状，后裂片连合1/10—1/5；叶柄绿色或污紫色，粗厚，长达1.5米。花序梗2—3丛生，圆柱形，绿色，有时污紫色；佛焰苞管部绿色，卵形或短椭圆形，檐部黄绿色舟状，长圆形；肉穗花序芳香，雌花序白色，不育雄花序绿白色，能育雄花序淡黄色；附属器淡绿色或乳黄色。浆果红色，卵状。种子1—2粒。花期四季，但在阴密的林下常不开花。

　　中国产于福建、广东、广西、贵州、海南、湖南、江西、四川、台湾和云南。孟加拉国、不丹、柬埔寨、印度东北部、日本、老挝、缅甸、尼泊尔和泰国也有分布。

　　叶大、浓绿，具有极高的观赏价值，可丛植于庭园观赏。

茂兰保护区

- **分布：**常见。
- **生境：**生于海拔700米以下，常成片生长于热带雨林林缘或河谷野芭蕉林下。

一把伞南星 Arisaema erubescens

天南星科 Araceae　　天南星属 *Arisaema*

茂兰保护区

- **分布：** 翁昂和莫干。
- **生境：** 生于海拔650—750米的林下、灌丛、草坡和荒地。

　　块茎扁球形，直径达6厘米。鳞叶绿白色、粉红色，有紫褐色斑纹。叶1，稀2；叶柄长达80厘米，具鞘；叶片放射状分裂，裂片无定数，放射状平展，无柄，长（6—）8—24厘米。花序柄较短且直立；佛焰苞绿色，背面具条纹；雄花序长2—2.5厘米，花密；雌花序长约2厘米；附属器棒状或圆柱形，直立；雄花序的附属器下部光滑或有少数中性花；雌花序的附属器具多数中性花；雄花具短梗，雄蕊2—4，药室近球形，顶孔开裂；雌花子房卵圆形，无花柱。浆果红色。种子1—2粒。花期5—7月，果期9月。

　　中国产于河北、山西、河南、陕西、宁夏、甘肃、青海、安徽、浙江、台湾、福建、江西、湖北、湖南、广东、香港、广西、贵州、四川、云南和西藏。印度、尼泊尔、缅甸、泰国也有分布。

　　叶形奇特，颜色翠绿，佛焰苞绿色，具有极高的观赏价值，可盆栽供观赏。

鄂西南星 *Arisaema silvestrii*

天南星科 Araceae   天南星属 *Arisaema*

块茎球形。鳞叶先端扩展，微缺，具小尖头，长10—17厘米。叶2；叶柄长20—29厘米，下部10—17厘米具鞘；叶片鸟足状分裂，裂片9，倒披针形，骤狭渐尖，全缘，基部渐狭，长9—10厘米，宽3—4厘米，中裂片具长3—10毫米的柄；侧裂片无柄，较小。花序柄短于叶柄，与叶鞘等长或稍长；佛焰苞紫色，檐部内面具白色条纹，管部长5—7.5厘米；檐部长5—7.5厘米，宽3—4厘米，长圆状椭圆形，短渐尖。花期4—5月。

中国产于安徽、福建、广东、贵州、河南、湖北、湖南、江苏、江西、山西和浙江。

株形奇特，叶色翠绿，佛焰苞紫色，具有极高的观赏价值，可盆栽供观赏。

茂兰保护区

- **分布：** 莫干。
- **生境：** 生于海拔700米左右的灌丛和林中。

麒麟叶 **Epipremnum pinnatum**

天南星科 Araceae   麒麟叶属 *Epipremnum*

茂兰保护区

- **分布：** 常见。
- **生境：** 附生于海拔500米左右的热带雨林的大树上或岩壁上。

攀援藤本。气生根具皮孔。茎圆柱形，粗壮，多分枝。叶柄长25—40厘米，上部具膨大关节；叶鞘膜质，上达关节，渐撕裂，脱落；叶薄革质，宽长圆形，基部宽心形，长40—60厘米，沿肋有2列星散的长达2毫米的小穿孔，两侧不等羽状深裂。花序柄圆柱形，粗壮，基部有鞘状鳞叶包围；佛焰苞外面绿色，内面黄色，渐尖；肉穗花序圆柱形，钝，长约10厘米，粗约3厘米；雌蕊具棱，顶平，柱头线形。胚珠2—4颗。种子肾形，稍光滑。花期4—5月。

中国产于广东、广西、海南、台湾、贵州和云南。孟加拉国、柬埔寨、印度、印度尼西亚、日本、老挝、马来西亚、缅甸、巴布亚新几内亚、菲律宾、新加坡、泰国、越南、澳大利亚、太平洋岛屿也有分布。

叶大且奇特，色泽翠绿，可盆栽供观赏或种植于庭园观赏。

石柑子 **Pothos chinensis**

天南星科 Araceae　　石柑属 *Pothos*

　　附生藤本。茎亚木质，淡褐色，近圆柱形，具纵条纹，节间长1—4厘米，节上常束生气生根，枝下部常具线形鳞叶1枚。叶纸质，椭圆状披针形，长6—13厘米，宽1.5—5厘米，先端渐尖，常有芒状尖头，基部钝，侧脉4对，最下一对基出，弧形上升，近平行；叶柄倒卵状长圆形或楔形。花序柄约与苞片等长，极少超出，佛焰苞绿色，卵状；肉穗花序椭圆形或近球形，淡绿色或淡黄色。浆果黄绿色至红色，卵形或长圆形。花果期四季。

　　中国产于台湾、湖南、广东、香港、海南、广西、贵州、四川、云南和西藏。越南、老挝、泰国也有分布。

　　叶形奇特，色泽翠绿，果实红色，具有极高的观赏价值，可种植于庭园中用于假山配景。

茂兰保护区

■ **分布**：吉洞和板寨。

■ **生境**：生于海拔500米左右的阴湿密林中，常匍匐于岩石上或附生于树干上。

野慈姑 *Sagittaria trifolia*

泽泻科 Alismataceae　　慈姑属 *Sagittaria*

茂兰保护区

- **分布：**常见。
- **生境：**生于湖泊、池塘、沼泽、沟渠、水田等水域。

多年生沼生草本，具匍匐茎或球茎。叶基生，挺水，箭形，大小变异很大，顶端裂片与基部裂片间不缢缩，顶端裂片短于基部裂片，比为1∶1.5—1∶1.2；叶柄基部鞘状。花序圆锥状或总状，总花梗长20—70厘米，花多轮，最下一轮常具1—2分枝；苞片3，基部多少合生；花单性，下部1—3轮为雌花，上部多轮为雄花；萼片反折，椭圆形或宽卵形；花瓣白色；雄花雄蕊多数，花丝丝状，花药黄色；雌花心皮多数，离生。瘦果两侧扁，倒卵圆形，具翅。花期5—10月，果期5—10月。

中国产于安徽、北京、福建、甘肃、广东、广西、贵州、海南、河南、湖北、江苏、辽宁、青海、陕西、山东、四川、台湾、新疆、云南和浙江。

叶形奇特秀美，花纯白色，可丛植于水边，与其他水生植物成景。

高平重楼 Paris caobangensis

藜芦科 Melanthiaceae　　重楼属 *Paris*

　　多年生草本。地上茎高30—35厘米。叶4—6轮生于茎顶部，叶片卵状披针形，长约9.5厘米，宽约4.5厘米，绿色，纸质，先端渐尖，基部近圆形；叶柄长约3厘米。花单生，从茎顶部发育，基数4—6，等于叶数（或比叶数少1）；花序梗黄绿色；萼片4—6，卵状披针形，黄绿色；花瓣4—6，黄绿色；雄蕊长于萼片，花丝黄绿色；子房圆锥形，绿色，花柱紫色。胚珠卵形，透明，多数，沿胎座排列。花期3—5月。

　　中国产于云南、广西、贵州、湖北和四川。

　　株形奇特，色泽翠绿，具有极高的观赏价值，可盆栽供观赏。

茂兰保护区

- **分布：** 少见。
- **生境：** 生于海拔约700米的常绿阔叶林中。

短蕊万寿竹 Disporum bodinieri

秋水仙科 Colchicaceae　　万寿竹属 *Disporum*

茂兰保护区

- **分布：**常见。
- **生境：**生于海拔450—800米的林中。

　　根状茎匍匐，较粗。茎高达1米，上部具分枝。叶厚纸质，椭圆形、卵形或卵状披针形，长5—15厘米，宽2—6厘米，顶端渐尖或尾尖，基部近圆；叶柄长0.5—1厘米。伞形花序顶生，具2—6花；花梗长1.5—2.5厘米，具乳头状突起；花被片白色或黄绿色，倒卵状披针形，基部距长1—2毫米；花丝等长或稍长于花被片，花药伸出花被；柱头3裂。浆果具3—6粒种子。种子球形或三角形，棕色。花期3—5月，果期6—11月。

　　中国产于陕西、甘肃、四川、西藏、云南、贵州、湖南、湖北和河南。

　　花色纯白，叶面光滑，色泽翠绿，可盆栽供观赏。

万寿竹 Disporum cantoniense

秋水仙科 Colchicaceae　　万寿竹属 *Disporum*

　　根粗长，肉质。根状茎横出，质地硬，呈结节状。叶纸质，披针形或窄椭圆状披针形，先端渐尖或长渐尖，基部近圆；叶柄短。花梗长达4厘米，稍粗糙；花紫色；花被片斜出，倒披针形，边缘有乳头状突起，基部距长2—3毫米；雄蕊内藏，花药长3—4毫米，花丝长0.8—1.1厘米；子房长约3毫米。浆果，有2—5粒暗棕色种子。花期5—7月，果期8—10月。

　　中国产于台湾、福建、安徽、湖北、湖南、广东、广西、贵州、云南、四川、陕西和西藏。不丹、尼泊尔、印度和泰国也有分布。

　　株形优美，花具有较高的观赏价值，可栽植于庭园观赏。

茂兰保护区

- **分布：**永康。
- **生境：**生于海拔约700米的灌丛中或林下。

少花万寿竹 Disporum uniflorum

秋水仙科 Colchicaceae　　万寿竹属 *Disporum*

茂兰保护区

- **分布：** 常见。
- **生境：** 生于海拔约700米的林下或灌木丛中。

根状茎肉质，横出。茎直立，上部具叉状分枝。叶薄纸质至纸质，矩圆形至披针形，长4—15厘米，宽1.5—5厘米，背面脉上和边缘有乳头状突起，先端骤尖或渐尖，基部圆形或宽楔形，具短柄或近无柄。花黄色、绿黄色或白色，1—3（—5）朵着生于分枝顶端；花梗较平滑；花被片倒卵状披针形，内面有细毛，边缘具乳头状突起，基部具长1—2毫米的短距；雄蕊内藏；柱头3裂，外弯。浆果椭圆形或球形，具3粒种子。种子深棕色。花期3—6月，果期6—11月。

中国产于浙江、江苏、安徽、江西、湖南、山东、河南、河北、陕西、四川、贵州、云南、广西、广东、福建和台湾。朝鲜、日本也有分布。

叶面光滑且色泽翠绿，可栽植于庭园观赏。

抱茎菝葜 **Smilax ocreata**

菝葜科 Smilacaceae 　　菝葜属 *Smilax*

攀援灌木。茎长可达7米，通常疏生刺。叶革质，卵形，长9—20厘米，宽4.5—15厘米；叶柄长2—3.5厘米，基部两侧具耳状鞘，有卷须；鞘作穿茎状抱茎。圆锥花序长4—10厘米，基部上方有一枚先出叶；伞形花序单生，具10—30朵花；总花梗基部有一苞片；花序托膨大，近球形；花黄绿色，稍带淡红色；雄花外花被片条形，内花被片丝状，雄蕊高出花被片，下部的花丝约1/4合生成柱，花药狭卵形；雌花与雄花近等大。浆果直径约8毫米，熟时暗红色，具粉霜。花期3—6月，果期7—10月。

中国产于台湾、湖北、广东、海南、广西、贵州、四川、云南和西藏。越南、缅甸、尼泊尔、不丹和印度也有分布。

花、果均具有一定的观赏价值，可栽植于庭园观赏。

茂兰保护区

- **分布：**高望。
- **生境：**生于海拔约760米的林中、灌丛下或阴湿的坡地、山谷中。

湖北百合 Lilium henryi

百合科 Liliaceae 　　百合属 *Lilium*

茂兰保护区

- **分布：** 常见。
- **生境：** 生于海拔650米左右的山坡上。

鳞茎近球形；鳞片矩圆形，先端尖，白色。茎高达2米，具紫色条纹，无毛。叶二型，中、下部的矩圆状披针形，两面无毛，全缘，柄长约5毫米；上部的卵圆形，无柄。总状花序具2—12朵花；苞片卵圆形，叶状；花梗长5—9厘米，水平开展，每一花梗常具两朵花；花被片披针形，反卷，橙色，具稀疏的黑色斑点，长5—7厘米，宽达2厘米，全缘，蜜腺两边具多数流苏状突起；雄蕊四面张开，花丝钻状，花药深橘红色；子房近圆柱形，柱头稍膨大，略3裂。蒴果矩圆形，褐色。花期7月，果期8月。

中国产于贵州、湖北和江西。

花色泽鲜艳，花被片反卷，株形优美，可盆栽或栽植于庭园供观赏。

南川百合 **Lilium rosthornii**

百合科 Liliaceae   百合属 *Lilium*

茎高达1米，无毛。叶散生，中、下部的为条状披针形，长8—15厘米，宽8—10毫米，先端渐尖，基部渐狭成短柄，两面无毛，全缘；上部的为卵形，长3—4.5厘米，宽10—12毫米，先端急尖，基部渐狭，中脉明显，两面无毛，全缘。总状花序可具多达9朵花；苞片宽卵形；花梗长7—8厘米；花被片反卷，黄色或黄红色，具紫红色斑点，蜜腺两侧具多数流苏状突起；雄蕊展开，花丝无毛；子房圆柱形，花柱柱头稍膨大。蒴果长矩圆形，长5.5—6.5厘米，棕绿色。花期7—8月，果期9月。

中国产于贵州、四川和湖北。

株形优美，花黄色或黄红色，花被片反卷，可盆栽或栽植于庭园供观赏。

茂兰保护区

- **分布：** 常见。
- **生境：** 生于海拔450—900米的山沟、溪边或林下。

多花指甲兰 Aerides rosea

兰科 Orchidaceae　　指甲兰属 Aerides

茂兰保护区

- **分布：** 少见。
- **生境：** 生于海拔450—600米的山地林缘或山坡疏生的常绿阔叶林中树干上。

茎粗壮，长5—20厘米。叶肉质，带状，先端钝并且不等侧2裂。花序叶腋生，常1—3个，不分枝；花苞片绿色，厚，卵状披针形；花梗和子房白色带淡紫色晕；花白色带紫色斑点；中萼片近倒卵形；侧萼片稍斜卵圆形；唇瓣3裂，侧裂片小，直立耳状，中裂片近菱形，密布紫红色斑点；距白色，向前伸，狭圆锥形；蕊柱白色稍带紫红色，具蕊柱足；蕊喙肉质；药帽白色，在顶端背侧黄色，前端收窄呈喙状；子房棒状，三棱形。蒴果近卵形。花期7月，果期8月至翌年5月。

中国产于贵州、广西和云南。不丹、印度、缅甸、老挝和越南也有分布。

花色鲜艳，株形优美，具有观赏价值。

黄花白及 **Bletilla ochracea**

兰科 Orchidaceae　白及属 *Bletilla*

植株高25—55厘米。假鳞茎扁斜卵形。茎较粗壮，常具4叶。叶长圆状披针形，基部收狭成鞘并抱茎。花序具3—8朵花；花苞片长圆状披针形；花黄色或萼片和花瓣外侧黄绿色，内面黄白色；萼片和花瓣近等长，长圆形；唇瓣椭圆形，在中部以上3裂，侧裂片直立，围抱蕊柱，先端钝，中裂片近正方形；唇盘上面具5条纵脊状褶片；蕊柱长15—18毫米，柱状，具狭翅，稍弓曲。花期6—7月。

中国产于陕西、甘肃、河南、湖北、贵州、湖南、广西、四川和云南。

花朵黄色，具有较高的观赏价值。

茂兰保护区

- **分布：**少见。

- **生境：**生于海拔450—700米的常绿阔叶林、针叶林或灌丛下、草丛中或沟边。

芳香石豆兰 **Bulbophyllum ambrosia**

兰科 Orchidaceae　　石豆兰属 *Bulbophyllum*

茂兰保护区

- **分布：** 少见。
- **生境：** 生于山地林中树干上。

根状茎被覆瓦状鳞片状鞘。根成束从假鳞茎基部长出。假鳞茎圆柱形，顶生1叶。叶革质，长圆形。花葶出自假鳞茎基部，顶生1朵花；花序柄长6—8毫米，基部具2—4枚紧抱于花序柄的干膜质鞘；花苞片膜质，卵形；花淡黄色带紫色；中萼片近长圆形，具5条脉，无毛，边缘全缘；侧萼片中部以上偏侧而扭曲呈喙状；花瓣三角形；唇瓣近卵形，中部以下对折，基部具凹槽；蕊柱粗短，蕊柱齿不明显；蕊柱足长约10毫米，其分离部分长约5毫米。花期通常2—5月。

中国产于贵州、福建、广东、海南、香港、广西和云南。越南也有分布。

花、叶奇特，均具有一定的观赏价值。

梳帽卷瓣兰 **Bulbophyllum andersonii**

兰科 Orchidaceae　　石豆兰属 *Bulbophyllum*

　　根状茎匍匐。假鳞茎在根状茎上彼此相距3—11厘米，顶生1叶。叶革质，长圆形，长7—21厘米，先端凹缺；叶柄长1—2.5厘米。花葶黄绿色带紫红色条斑，生于假鳞茎基部，长约17厘米；伞形花序具数朵花；花浅白色密布紫红色斑点；中萼片卵状长圆形，长约5毫米，上部具齿，先端具芒；侧萼片长圆形，先端稍钝，全缘；花瓣长圆形，长约3毫米，先端具长约8毫米的芒，具3条粗厚脉，边缘篦齿状；唇瓣肉质，茄紫色，卵状三角形，外弯，上面具白色条带；蕊柱黄绿色，具蕊柱足；蕊柱齿三角形；药帽黄色，先端边缘篦齿状。花期2—10月。

　　中国产于广西、四川、贵州和云南。印度、缅甸、越南也有分布。

　　花色清新，株形优雅，具有观赏价值。

茂兰保护区

■ **分布：**吉洞。

■ **生境：**生于海拔450—700米的山地林中树干上或林下岩石上。

直唇卷瓣兰 **Bulbophyllum delitescens**

兰科 Orchidaceae　　石豆兰属 *Bulbophyllum*

茂兰保护区

▪ **分布：**少见。

▪ **生境：**生于山谷溪边岩石上或林中树干上。

　　根状茎粗壮。假鳞茎卵形或近圆柱形，彼此相距3—11厘米，顶生1叶，基部具纤维。叶薄革质，矩圆形，长16—25厘米，宽3.5—6厘米，先端钝，具短柄。花葶直立；伞形花序常具2—4朵花；花序柄具3枚鞘；花苞片披针形；花茄紫色；中萼片舟形，长约1厘米，顶端具芒；侧萼片狭披针形，长达6厘米，内侧粘合；花瓣镰状披针形，顶端具芒；唇瓣肉质，舌状；蕊柱齿延伸为臂，长约3毫米，宽约0.5毫米，顶端凹。花期4—11月。

　　中国产于福建、海南、贵州、广东、香港、云南和西藏。印度和越南也有分布。

　　花色淡雅，株形优美，具有观赏价值。

密花石豆兰 *Bulbophyllum odoratissimum*

兰科 Orchidaceae　　石豆兰属 *Bulbophyllum*

　　根成束。根状茎粗2—4毫米，分枝。假鳞茎近圆柱形，直立。叶革质，长圆形。花葶淡黄绿色，从假鳞茎基部发出；总状花序缩短呈伞状；花序柄被3—4枚膜质鞘；鞘宽筒状，宽松地抱于花序柄；花苞片膜质；花稍有香气，初时白色，以后变为橘黄色；萼片离生，质地较厚；侧萼片比中萼片长；花瓣质地较薄，白色；唇瓣橘红色，肉质，舌形；蕊柱粗短，长约1毫米；蕊柱齿短钝，与药帽近等高，长约0.2毫米，先端稍锐尖；蕊柱足橘红色；药帽近半球形或心形。花期4—8月。

　　中国产于福建、广东、香港、贵州、广西、四川、云南和西藏。尼泊尔、不丹、印度东北部、缅甸、泰国、老挝和越南也有分布。

　　花橘黄色且芳香，具有极高的观赏价值。

茂兰保护区

- **分布：** 少见。
- **生境：** 生于海拔450—800米的混交林中树干上或山谷岩石上。

天贵卷瓣兰 *Bulbophyllum tianguii*

兰科 Orchidaceae　　石豆兰属 *Bulbophyllum*

茂兰保护区

■ **分布：** 少见。

■ **生境：** 生于海拔700—800米的喀斯特峡谷崖壁上、林下岩石上、山顶岩石上或腐殖树茎上。

根状茎匍匐。假鳞茎在根状茎上相距1—2.5厘米，具棱，顶生1叶。叶长圆形。花葶直立，长5—7厘米，淡黄色具紫红色斑点；中萼片宽卵形，凹陷，长13—14毫米，先端渐尖并具3毫米长的芒；侧萼片狭披针形，边缘全缘，具7脉，先端渐狭略钝；唇瓣卵状披针形，绿褐色，长约6.5毫米，基部宽约3.5毫米，基部与蕊柱足连合形成可动的关节；唇盘具2条肉质、具缘毛的纵脊；药帽半球形，直径约1.5毫米，前端边缘流苏状，上表面密被微乳突。花期2—3月。

中国产于广西和贵州。

花形奇特、花色金黄、花瓣内卷、气质高雅内敛，具有较高的观赏价值。

等萼卷瓣兰 **Bulbophyllum violaceolabellum**

兰科 Orchidaceae   石豆兰属 *Bulbophyllum*

　　根状茎粗壮，匍匐生根。假鳞茎卵形，顶生1叶。叶片稍肉质或革质，长圆形，先端钝，基部收窄为柄，在正面中肋凹陷；叶柄两侧对折。花葶直立，远高出叶外；总状花序缩短呈伞状，常具3—5朵花；花序柄被3—4枚鞘；鞘膜质筒状；花苞片披针形；花梗和子房长约2.2毫米；花开展，萼片和花瓣黄色具紫色斑点；中萼片宽卵形；侧萼片离生，卵状三角形；花瓣卵状披针形，全缘；唇瓣紫丁香色，肉质，舌形，强烈向下弯曲；蕊柱黄色，蕊柱翅向蕊柱足下延；蕊柱足紫色；蕊柱齿长钻状。花期4月。

　　中国产于贵州和云南。

　　花色鲜艳，花形优美，具有观赏价值。

茂兰保护区

- **分布：** 少见。
- **生境：** 生于海拔约700米的疏林中树干上。

泽泻虾脊兰 *Calanthe alismatifolia*

兰科 Orchidaceae   虾脊兰属 *Calanthe*

茂兰保护区

- **分布：** 少见。
- **生境：** 生于海拔约700米的山地林下。

　　假鳞茎完全被叶鞘所包，具叶5—8枚。叶椭圆形，在花期全部展开，边缘波状，无毛或有时在背面脉上被毛。花葶被毛；总状花序短，密生10—20朵花；花白色；萼片椭圆形；花瓣近菱形，长1—1.3厘米，宽4—6毫米，先端锐尖；唇瓣较萼片长，3深裂。合蕊柱很短。花期6—7月。

　　中国产于广西、贵州、湖北、湖南、四川、台湾、西藏、云南和浙江。不丹、印度、日本和越南也有分布。

　　叶大、翠绿，花纯白色，具有较高的观赏价值。

钩距虾脊兰 Calanthe graciliflora

兰科 Orchidaceae　　虾脊兰属 *Calanthe*

　　假鳞茎短，具3—4枚鞘和3—4枚叶。具假茎。叶在花期未完全展开，两面无毛。花葶出自假茎上端的叶丛间；花序柄常具1枚鳞片状的鞘；鞘宽卵形；总状花序疏生多数花；花梗白色；花张开；萼片花瓣背面褐色，内面淡黄色；中萼片近椭圆形；侧萼片近似中萼片；花瓣倒卵状披针形，基部具短爪；唇瓣浅白色，3裂，侧裂片呈稍斜的卵状楔形，中裂片近方形或倒卵形；唇盘上具4个褐色斑点和3条平行的龙骨状脊；距圆筒形；蕊柱长约4毫米；蕊喙2裂，裂片三角形；花粉团棒状，具明显柄；粘盘近长圆形，长约1毫米。花期3—5月。

　　中国产于贵州、安徽、浙江、江西、台湾、湖北、湖南、广东、香港、广西、四川和云南。

　　株形优美，花色淡雅，具有一定的观赏价值。

茂兰保护区

- **分布**：少见。
- **生境**：生于海拔600—800米的山谷溪边、林下等阴湿处。

香花虾脊兰 **Calanthe odora**

兰科 Orchidaceae　　虾脊兰属 *Calanthe*

茂兰保护区

- **分布：** 少见。
- **生境：** 生于山地阔叶林下或山坡阴湿草丛中。

植株矮小。假鳞茎近圆锥形，具鞘和叶，均为2—3枚。叶花期尚未展开，椭圆状披针形，长12—14厘米，宽3—4厘米，先端渐尖，基部收狭为柄，两面无毛。花葶直立；花序柄被3—4枚鞘；总状花序，密生少数至多数花；花苞片宿存；花梗和棒状子房被短毛；花白色；中萼片背面被短毛；侧萼片稍斜卵状椭圆形；花瓣近匙形，先端截形并稍具短凸；唇瓣基部具附属物；蕊柱疏被短毛；蕊喙2裂；药帽先端近圆形；花粉团近棒状；粘盘小，近圆形。花期5—7月。

中国产于广西、贵州和云南。不丹、印度、越南、柬埔寨和泰国也有分布。

主茎外形清雅、花葶直立、花色纯白，具有较高的观赏价值。

中华叉柱兰 *Cheirostylis chinensis*

兰科 Orchidaceae　叉柱兰属 *Cheirostylis*

　　植株高达20厘米。根状茎匍匐，肉质，具节，呈毛虫状；茎圆柱形，直立或近直立，淡绿色，无毛，具2—4叶。叶绿色，卵形或宽卵形，长1—3厘米，宽7.5—17毫米；叶柄长约1厘米。花茎顶生，被毛，具3—4枚苞片；总状花序具2—5朵花；花小；萼片膜质；花瓣镰刀状，白色；唇瓣白色，基部囊状，囊内两侧各具1枚梳状、具（4）5—6齿的、扁平胼胝体，中部收窄成短爪，前部扇形，长约5毫米，2裂，2裂片平展时宽7—8毫米，裂片具4—5不整齐齿；蕊柱2枚臂状附属物较蕊喙的2裂片稍短；子房被毛。花期1—3月。

　　中国产于台湾、香港、广西和贵州。

　　植株小巧，花形奇特，具有观赏价值。

茂兰保护区

- **分布：** 常见。
- **生境：** 生于海拔500—800米的山坡或溪旁林下的潮湿石上覆土中或地上。

异型兰 *Chiloschista yunnanensis*

兰科 Orchidaceae　　异型兰属 *Chiloschista*

茂兰保护区

▪ **分布：**三岔河。

▪ **生境：**生于海拔约500米的山地林缘或疏林中树干上。

茎不明显，花期无叶。花序下垂，长达26厘米，密生毛；疏生多花；花序柄具鞘，苞片膜质、卵状披针形，长3—4毫米，背面被毛；花梗和子房密生短毛；花质稍厚，萼片和花瓣茶色，背面密生毛；中萼片前倾，长5—6毫米，侧萼片卵圆形；花瓣与萼片等长稍窄，唇瓣黄色，3裂，侧裂片窄长圆形，较大，中部扭曲，边缘具淡褐色斑点，内面具红色条纹，中裂片很短，先端凹入，基部凹入呈浅囊状，被海绵状褐色、"V"形附属物；蕊柱很短，蕊柱足长约4毫米，蕊喙很短；药帽前端三角形，两侧各具1丝状物。花期3—5月，果期7月。

中国产于云南、贵州和四川。

花色淡雅，株形奇特，具有观赏价值。

蛤兰 **Conchidium pusillum**

兰科 Orchidaceae   蛤兰属 *Conchidium*

　　植株矮小，高2—3厘米。根状茎细长，每隔2—5厘米着生一对假鳞茎。假鳞茎近半球形。叶2—3，从对生的假鳞茎之间发出，长7—10毫米，宽2—4毫米，先端骤然收狭，具5条主脉；叶柄具关节。花序从叶内侧发出，纤细，具1—2花；花苞片较大，较花梗和子房长，卵形，具短的或刚毛状的尖头；中萼片卵形，侧萼片三角形，基部与蕊柱足合生成萼囊；萼囊较长；花瓣与中萼片近相似；唇瓣披针形，不裂，边缘具细缘毛；唇盘上具2条线纹；蕊柱足与唇瓣几近等长。花期10—11月。

　　中国产于贵州、福建、香港、广西、云南和西藏。

　　植株小巧玲珑，其花具有一定的观赏价值。

茂兰保护区

- **分布：**少见。
- **生境：**生于海拔600—800米的密林中阴湿岩石上。

建兰 Cymbidium ensifolium

兰科 Orchidaceae　兰属 *Cymbidium*

茂兰保护区

- **分布：**少见。
- **生境：**生于疏林下、灌丛中、山谷旁或草丛中。

地生植物。假鳞茎卵球形，长1.5—2.5厘米，宽1—1.5厘米，包藏于叶基内。叶2—4，带形，有光泽。花葶从假鳞茎基部发出，直立，长20—35厘米或更长，但一般短于叶；总状花序；花梗和子房长2—2.5厘米；花常有香气，色泽变化较大；萼片近狭长圆形；侧萼片常向下斜展；花瓣狭椭圆形，长1.5—2.4厘米，宽5—8毫米，近平展；唇瓣近卵形，略3裂，侧裂片直立，上面有小乳突，中裂片较大，卵形；蕊柱长1—1.4厘米，两侧具狭翅；花粉团4个，成2对，宽卵形。蒴果狭椭圆形。花期通常6—10月。

中国产于贵州、安徽、浙江、江西、福建、台湾、湖南、广东、海南、广西、四川和云南。广泛分布于东南亚和南亚，朝鲜、韩国和日本也有分布。

植株雄健，花朵淡雅且具幽雅香气，具有一定的观赏价值。

春兰 Cymbidium goeringii

兰科 Orchidaceae 兰属 *Cymbidium*

地生植物。假鳞茎较小，卵球形，包藏于叶基之内。叶4—7，带形，通常较短小。花葶直立，明显短于叶；花序具单朵花；花苞片长而宽；花梗和子房长2—4厘米；花色泽变化较大，有香气；萼片长2.5—4厘米，宽8—12毫米；花瓣长1.7—3厘米，与萼片近等宽；唇瓣近卵形，不明显3裂，侧裂片直立，具小乳突，中裂片较大，强烈外弯，上面亦有乳突；唇盘上2条纵褶片从基部上方延伸至中裂片基部以上；蕊柱长1.2—1.8厘米，两侧有较宽的翅；花粉团4个，2对。蒴果狭椭圆形。花期1—3月。

中国产于陕西、甘肃、江苏、安徽、四川及长江以南各省区。

花色淡雅，开花时具幽雅香气，其花、叶均具有极高的观赏价值。

茂兰保护区

- **分布：**常见。
- **生境：**生于海拔450—600米的多石山坡、林缘、林中透光处。

兔耳兰 Cymbidium lancifolium

兰科 Orchidaceae 兰属 *Cymbidium*

茂兰保护区

- **分布：** 立化、板寨、洞多和吉洞。
- **生境：** 生于海拔450—600米的疏林下、竹林下、林缘、阔叶林下或溪谷旁的岩石上、树上或地上。

半附生植物。假鳞茎近扁圆柱形，有节，顶生2—4叶。叶倒披针状长圆形至狭椭圆形，长6—17厘米或更长；叶柄长3—18厘米。花葶直立；花序具2—6朵花；花苞片披针形；花梗和子房长2—2.5厘米；花常白色至淡绿色，花瓣具紫栗色中脉，唇瓣具紫栗色斑；萼片倒披针状长圆形；花瓣近长圆形；唇瓣近卵状长圆形，稍3裂，侧裂片直立，中裂片外弯；唇盘上2条纵褶片从基部上方延伸至中裂片基部；蕊柱长约1.5厘米；花粉团4个。蒴果狭椭圆形，长约5厘米。花期5—8月。

中国产于浙江、福建、台湾、湖南、广东、海南、广西、四川、贵州、云南和西藏。喜马拉雅地区至东南亚、日本南部和新几内亚岛均有分布。

花葶直立，花香淡雅，花白色至淡绿色，极具观赏价值。

流苏石斛 **Dendrobium fimbriatum**

兰科 Orchidaceae 石斛属 *Dendrobium*

茎粗壮，斜立或下垂，质地硬，长50—100厘米，粗8—12毫米，不分枝。叶二列，革质，基部具紧抱于茎的革质鞘。总状花序长5—15厘米；花序柄长2—4厘米，基部被数枚套叠的鞘；鞘膜质，筒状；花苞片膜质，卵状三角形；花梗和子房浅绿色；花金黄色，薄，开展，具香气；中萼片长圆形；侧萼片卵状披针形，基部歪斜；萼囊近圆形，长约3毫米；花瓣长圆状椭圆形，具5条脉；唇瓣比萼片和花瓣的颜色深，边缘具复流苏；蕊柱黄色，长约2毫米，具长约4毫米的蕊柱足。花期4—6月。

中国产于贵州、广西和云南。印度、尼泊尔、不丹、缅甸、泰国和越南也有分布。

花朵金黄色且芳香，具极高的观赏价值。

茂兰保护区

- **分布**：少见。
- **生境**：生于海拔600—800米的密林中树干上或山谷阴湿岩石上。

美花石斛 **Dendrobium loddigesii**

兰科 Orchidaceae　　石斛属 *Dendrobium*

茂兰保护区

- **分布：**少见。
- **生境：**生于海拔450—800米的山地林中树干上或林下岩石上。

茎柔弱，常下垂，干后金黄色。叶纸质，二列，互生，舌形，基部具鞘；叶鞘膜质。花白色或紫红色，每束1—2朵侧生；花序柄长2—3毫米，基部被杯状膜质鞘；花苞片膜质，卵形，先端钝；花梗和子房淡绿色；中萼片卵状长圆形；侧萼片披针形；萼囊近球形，长约5毫米；花瓣椭圆形，先端稍钝，全缘，具3—5条脉；唇瓣近圆形，上面中央金黄色，周边淡紫红色，稍凹的，边缘具短流苏，密被短柔毛；蕊柱白色，正面具红色条纹，长约4毫米；药帽白色，近圆锥形。花期4—5月。

中国产于贵州、广西、广东、海南和云南。老挝和越南也有分布。

花白色或紫红色，具有很高的观赏价值。

匍茎毛兰 *Eria clausa*

兰科 Orchidaceae　毛兰属 *Eria*

　　根状茎纤细。假鳞茎卵球状，顶生1—3叶。叶椭圆形；叶柄长1—3厘米。花序1个，疏生2—6朵花；花苞片在花序下部较大，卵形，上部的三角形；花梗和子房长5—7毫米；花浅黄绿色或浅绿色；中萼片长圆形，先端钝；侧萼片镰状披针形；花瓣镰状长圆形，先端钝；唇瓣倒卵形，3裂，侧裂片斜长圆形，中裂片宽卵形，先端钝；蕊柱长约4毫米；蕊柱足长约3毫米；药帽卵球形；花粉团梨形，扁平，黄白色。蒴果椭圆状；果柄长约2毫米。花期3月，果期4—5月。

　　中国产于福建、台湾、海南、广东、香港、广西、贵州和云南。

　　花形小巧可爱，具有观赏价值。

茂兰保护区

- **分布：** 吉洞。
- **生境：** 生于海拔约700米的阔叶林中树干上或岩石上。

半柱毛兰 *Eria corneri*

兰科 Orchidaceae　　毛兰属 *Eria*

茂兰保护区

- **分布：** 少见。

- **生境：** 生于海拔500—800米的林中树上或林下岩石上。

植物体无毛。假鳞茎密集着生，顶端具2—3叶。叶披针形，基部收狭成长2—3厘米的柄。花序1，长6—22厘米，基部为1枚膜质鞘所包，具10余朵花；花苞片极小，三角形；花梗和子房长7—8毫米；花白色或略带黄色；中萼片卵状三角形；侧萼片镰状三角形，基部与蕊柱足形成萼囊；萼囊钝；花瓣线状披针形，略镰状；唇瓣轮廓为卵形，3裂，侧裂片半圆形，中裂片卵状三角形；蕊柱半圆柱形；花粉团黄色，倒卵形，扁平。花期8—9月，果期10—12月，翌年3—4月蒴果开裂。

中国产于福建、台湾、贵州、海南、广东、香港、广西、云南。日本和越南也有分布。

叶片色泽翠绿，花白色或略带黄色，具有观赏价值。

足茎毛兰 **Eria coronaria**

兰科 Orchidaceae　　毛兰属 *Eria*

　　植株无毛，具根状茎。假鳞茎彼此相距1—2厘米，顶生2叶，长椭圆形或倒卵状椭圆形，长6—16厘米，宽1—4厘米，无柄。花序1个，生于两叶之间，长10—30厘米，具2—6朵花；花苞片披针形或线形；花白色，唇瓣具紫斑；中萼片椭圆状披针形；侧萼片镰状披针形，中裂片三角形或近四方形；唇盘具3褶片，中裂片具2—4条圆齿状或波状褶片；蕊柱及蕊柱足均长约5毫米。蒴果倒卵状圆柱形，长约2厘米。花期5—6月。

　　中国产于海南、贵州、广西、云南和西藏。尼泊尔、不丹、印度和泰国也有分布。

　　叶大、翠绿，花形优美，具有较高的观赏价值。

茂兰保护区

- **分布：** 少见。
- **生境：** 生于海拔700米左右的林中树干上或岩石上。

江口盆距兰 **Gastrochilus nanus**

兰科 Orchidaceae 盆距兰属 *Gastrochilus*

茂兰保护区

- **分布：** 少见。
- **生境：** 生于海拔约800米的山地林缘树干上。

茎匍匐，长3—4厘米，粗约2毫米。叶多数，深绿色带紫红色斑点，向外平伸，椭圆状长圆形，先端急尖。伞形花序出自茎的近顶端，具5—6朵花；花序柄近直立；花苞片绿色带紫红色斑点，卵状三角形；花梗和子房长约5毫米；花淡黄绿色；中萼片椭圆形，先端钝，具1条脉；侧萼片多少斜长圆形；花瓣长圆形；前唇肾形，向前伸展，边缘和上面密布白色毛；后唇近圆筒状，上端的口缘稍抬起而其前端无明显的凹口；蕊柱长约0.5毫米；药帽前端收窄为喙状。花期8月。

中国产于贵州。

花淡黄绿色，具有一定的观赏价值。

叉脊天麻 **Gastrodia shimizuana**

兰科 Orchidaceae　　天麻属 *Gastrodia*

　　腐生草本，花期植株高达10厘米。花序梗长达8厘米，具管状鞘；花序轴具花2—5朵；花苞片红褐色；花钟状，萼片与花瓣合生成花被筒，半透明，浅黄褐色至淡红褐色，具疣状小凸起；中萼片离生部分半圆形，先端稍2裂；侧萼片离生部分宽三角形；花瓣离生部分卵形；唇瓣三角形，白色，上表面具长柔毛，唇盘基部具橘红色短条纹，两侧角状，先端舌形，基部具2胼胝体；合蕊柱淡白色。蒴果椭圆形。花期2—3月，果期4月。

　　贵州新记录种。中国产于广西和贵州。

　　花浅黄褐色至淡红褐色，具有一定的观赏价值。

茂兰保护区

- **分布：**青龙潭。
- **生境：**生于林中。

毛莛玉凤花 *Habenaria ciliolaris*

兰科 Orchidaceae　　玉凤花属 *Habenaria*

- **分布：** 少见。
- **生境：** 生于海拔450—800米的山坡或沟边林下荫处。

植株高25—60厘米。块茎肉质；茎粗，直立，圆柱形，近中部具5—6枚叶。叶片椭圆状披针形，基部收狭抱茎。总状花序具6—15朵花；花葶具棱，棱上具长柔毛；子房圆柱状纺锤形，扭转，具棱；花白色或绿白色；中萼片宽卵形，凹陷，兜状；侧萼片反折偏斜，卵形，前部边缘臌出；花瓣直立，外侧增厚；唇瓣较萼片长，侧裂片长20—22毫米；距圆筒状棒形；药室基部伸长的沟与蕊喙臂伸长的沟靠合成细的管；柱头2，隆起，长圆形，长约1.5毫米。花期7—9月。

中国产于甘肃、浙江、江西、福建、台湾、湖北、湖南、广东、香港、海南、广西、四川和贵州。

花形优美、奇特，花白色或绿白色，具有观赏价值。

鹅毛玉凤花 Habenaria dentata

兰科 Orchidaceae　　玉凤花属 *Habenaria*

　　植株高达90厘米。块茎肉质；茎粗壮，直立，圆柱形，具3—5枚疏生的叶，叶之上具数枚苞片状小叶。叶片长圆形至长椭圆形，先端急尖或渐尖，基部抱茎。总状花序常具多朵花；花序轴无毛；花苞片披针形；花白色；萼片和花瓣边缘具缘毛；中萼片与花瓣靠合成兜状；侧萼片张开或反折；花瓣镰状披针形；唇瓣宽倒卵形，侧裂片前部边缘具锯齿，中裂片线状披针形；柱头2，隆起呈长圆形，向前伸展，并行。花期8—10月。

　　中国产于安徽、浙江、江西、福建、台湾、湖北、湖南、广东、广西、四川、贵州、云南和西藏。尼泊尔、印度、缅甸、越南、老挝、泰国、柬埔寨、日本也有分布。

　　花形优美，似腾空飞翔的天鹅，花色纯白，具有观赏价值。

茂兰保护区

- **分布：**水尧。
- **生境：**生于海拔450—800米的山坡林下或沟边。

线瓣玉凤花 **Habenaria fordii**

兰科 Orchidaceae　　玉凤花属 *Habenaria*

茂兰保护区

▪ **分布：** 常见。

▪ **生境：** 生于海拔650—900米的山坡或沟谷密林下荫处地上或岩石覆土中。

植株高30—60厘米。块茎肉质，长椭圆形；茎粗壮，直立，基部具4—5叶。叶片长圆状披针形或长椭圆形，长14—25厘米，宽3—6厘米，先端急尖，基部收狭抱茎，叶上具2至多枚小叶。总状花序具多数花，长8—16厘米；花苞片卵状披针形，长2—4厘米；子房圆柱状纺锤形，扭转，连花梗长1.5—2厘米；花白色；中萼片宽卵形，凹陷；侧萼片斜半卵形，张开或反折；花瓣直立，线状披针形，长1.3—1.5厘米；唇瓣长2.3—2.5厘米，狭，下部3深裂，中裂片线形，侧裂片丝状；蕊柱短；花药的药室叉开；柱头2。花期7—8月。

中国产于贵州、广东、广西和云南。

花白色，花形奇特、优美，具有一定的观赏价值。

坡参 Habenaria linguella

兰科 Orchidaceae　　玉凤花属 *Habenaria*

植株高20—50厘米。块茎肉质；茎直立，圆柱形，无毛，具3—4枚较疏生的叶。叶片先端渐尖，基部抱茎。总状花序具9—20朵密生的花；花苞片线状披针形；子房细圆柱状纺锤形；花小、细长，黄色；中萼片宽椭圆形，与花瓣靠合成兜状；侧萼片反折，具3—4脉；花瓣直立，具1脉；唇瓣基部3裂，中裂片线形，侧裂片钻状，叉开；距极细的圆筒形，下垂；花粉团狭倒卵形，具长线形较花粉团长的柄和卵形的小粘盘；柱头2，突起；距口前方具很矮的环状物。花期6—8月。

中国产于贵州、广东、香港、海南、广西和云南。越南也有分布。

花黄色，具有较高的观赏价值。

茂兰保护区

- **分布：** 常见。
- **生境：** 生于海拔500—800米的山坡林下或草地。

二褶羊耳蒜 Liparis cathcartii

兰科 Orchidaceae 羊耳蒜属 *Liparis*

茂兰保护区

- **分布：**常见。
- **生境：**生于山谷旁湿润处或草地上。

地生草本。假鳞茎卵形，被鞘。叶2，椭圆形至卵状长圆形，长3.5—8厘米，宽1.7—4厘米，顶端急尖，边缘稍皱波状，基部收狭并下延成鞘状柄，长2—5.5厘米，无关节。花序柄具狭翅；总状花序具数朵花；花苞片甚小；花粉红色、绿色或紫色；萼片狭长圆形；侧萼片稍斜歪；花瓣近丝状；唇瓣倒卵形，边缘具齿缺，常有2条纵褶片；蕊柱顶端有翅，基部肥厚。蒴果倒卵状长圆形，长1.1—1.3厘米。花期6—7月，果期10月。

中国产于四川、贵州和云南。尼泊尔、不丹和印度也有分布。

叶大、翠绿，花粉红色、绿色或紫色，具有一定的观赏价值。

叉唇钗子股 **Luisia teres**

兰科 Orchidaceae 钗子股属 *Luisia*

茎直立，长达55厘米，节间长2.5—2.8厘米。叶肉质，长7—13厘米，粗2—2.5毫米。总状花序长约1厘米，具1—7花；花序柄具鞘；花苞片宽卵形；花梗和子房长约8毫米；花开展，萼片与花瓣淡黄色或白色，背面和先端带紫晕；中萼片前倾，萼片与唇瓣的前唇平行而向前伸；花瓣前倾，稍镰刀状椭圆形；唇瓣厚肉质，浅白色且具有紫斑，前后唇界限不明显，后唇稍凹，基部具耳，前唇先端叉状2裂；裂片近三角形，全缘，被毛。花期通常3—5月。

中国产于台湾、广西、四川、贵州和云南。日本和朝鲜也有分布。

花淡黄色，具有观赏价值。

茂兰保护区

- **分布：**少见。
- **生境：**生于山地林中树干上。

七角叶芋兰 **Nervilia mackinnonii**

兰科 Orchidaceae 芋兰属 *Nervilia*

茂兰保护区

▪ **分布：**少见。

▪ **生境：**生于林下。

　　块茎球形。叶1，在花凋谢后长出，绿色，七角形，具7条主脉；叶柄长4—7厘米。花葶高7—10厘米；花序仅具1花；子房圆柱状倒卵形，长4—5毫米，具长约2.5毫米的纤细花梗；花张开或半张开；萼片淡黄色，带紫红色，线状披针形，先端渐尖；花瓣与萼片极相似，先端急尖；唇瓣白色，凹陷，展平时长圆形，内面具3条粗脉，无毛，近中部3裂，侧裂小，直立，紧靠蕊柱两侧，先端急尖，中裂片狭长圆形，先端钝；蕊柱细长，长6—7毫米。花期5月。

　　中国产于贵州、云南、广东和广西。

　　株形直立，小巧可爱，具有一定的观赏价值。

剑叶鸢尾兰 *Oberonia ensiformis*

兰科 Orchidaceae　　鸢尾兰属 *Oberonia*

　　植株较高大，具短茎。叶近基生，二列套叠。花葶从叶丛中央抽出，一般短于叶；总状花序长10—25厘米，花密集着生；花序轴粗壮；花苞片长圆形，在先端两侧具不规则锐齿；花梗和子房长1—2毫米；花绿色；中萼片宽长圆状卵形；侧萼片宽卵形；花瓣卵状披针形，先端渐尖，边缘多少啮蚀状，侧裂片位于唇瓣基部两侧，边缘啮蚀状，中裂片宽倒卵形或近扁圆形，先端2裂，边缘稍啮蚀状；蕊柱粗短。蒴果倒卵状椭圆形，果梗长约0.5毫米。花期9—11月，果期翌年3月。

　　中国产于贵州、广西和云南。尼泊尔、印度、缅甸、老挝、越南和泰国也有分布。

　　叶肥厚剑形，具有一定的观赏价值。

茂兰保护区

- **分布：**少见。
- **生境：**生于海拔约800米的林中树上。

西南齿唇兰 Odontochilus elwesii

兰科 Orchidaceae　　齿唇兰属 Odontochilus

茂兰保护区

- **分布：**少见。
- **生境：**生于海拔约800米的林下。

陆生兰，高15—25厘米。根状茎伸长，匍匐生根。茎直立，具数枚叶。叶常近集生，具柄，卵状披针形，急尖，长1.5—5厘米，宽1—2.5厘米，叶正面暗紫色，背面淡紫色；叶柄长0.5—2厘米，基部膨大成鞘抱茎。总状花序顶生，具1—4花；花葶被柔毛；中萼片卵形，渐尖，长约8毫米；侧萼片稍斜的卵形，稍尖，长约9毫米；花瓣近半圆形，斜歪，急尖，白色；唇瓣顶端扩大，2裂，裂片半卵形，中部具长达5毫米的爪，爪的两侧具不整齐的流苏，基部的距为囊状，内具纵隔膜和具2枚不为钩状的胼胝体；子房被柔毛。花期7—8月。

中国产于四川、云南、贵州和广西。越南、缅甸和印度也有分布。

株形挺直，植株紫色，花白色，具有观赏价值。

平卧曲唇兰 **Panisea cavaleriei**

兰科 Orchidaceae　曲唇兰属 *Panisea*

　　假鳞茎彼此相连接，每个假鳞茎狭长圆形或卵状长圆形，中部以下平卧，上部向上弯曲，在根状茎连接处具数条长的纤维根，顶端生1叶。叶片狭椭圆形，纸质，先端锐尖或钝；叶柄长6—12毫米。花葶长1.5—2.5厘米；花苞片卵形；花淡黄白色；花梗和子房长1.2—1.8厘米，纤细；萼片近卵状披针形，5脉，侧生萼片偏斜，基部膨大；花瓣短窄于萼片；唇瓣倒卵状长圆形，从中间到基部变窄为爪；合蕊柱5—7毫米，具翅。花期12月至翌年4月。

　　中国产于贵州、广西和云南。

　　花淡黄白色，具有观赏价值。

茂兰保护区

- **分布：** 少见。
- **生境：** 生于海拔约800米的沿河的背阴岩石上。

小叶兜兰 **Paphiopedilum barbigerum**

兰科 Orchidaceae　　兜兰属 *Paphiopedilum*

茂兰保护区

- **分布：**尧兰、凉水井、弄拉、板寨、吉洞和洞多。
- **生境：**生于海拔约800米的岩石缝隙中。

地生或半附生植物。叶基生，宽线形，2列，5—6枚，先端略钝或具小齿。花莛直立，长8—16厘米，具紫褐色斑点和短柔毛，顶生1花；花苞片围抱子房，绿色，具柔毛；中萼片宽卵形，中央黄绿色至黄褐色，上端与边缘白色；合萼片卵状椭圆形，与中萼片同色但无白色边缘；花瓣边缘奶油黄色至淡黄绿色，中央有密集的褐色脉纹或整个呈褐色，狭长圆形；唇瓣浅红褐色，倒盔状；囊近卵形，长2—2.5厘米；退化雄蕊宽倒卵形，长6—7毫米，基部略有耳，上面具1个脐状突起。花期10—12月。

中国产于广西和贵州。

花形奇特，花期持久，具有极高的观赏价值。

白花兜兰 *Paphiopedilum emersonii*

兰科 Orchidaceae　　兜兰属 *Paphiopedilum*

　　地生或半附生植物，通常较矮小。叶基生，二列，3—5枚；叶片狭长圆形。花葶直立，淡绿黄色，顶端生1花；花苞片黄绿色，宽椭圆形，近白色；花梗和子房长约5厘米，被疏柔毛；花大，直径8—9厘米，白色；中萼片椭圆状卵形，先端钝，两面被短柔毛，背面略有龙骨状突起；合萼片宽椭圆形，先端钝，背面略有2条龙骨状突起；花瓣先端钝或圆，两面略被细毛；唇瓣深囊状，卵球形，基部具短爪；囊口近圆形，整个边缘内折，囊底具毛；退化雄蕊鳄鱼头状。花期4—5月。

　　中国产于广西和贵州。

　　花朵硕大，花形可爱，极具观赏价值。

茂兰保护区

■ **分布：** 尧古、瑶寨、加别和吉洞。

■ **生境：** 生于海拔600—800米的岩石缝隙中。

带叶兜兰 Paphiopedilum hirsutissimum

兰科 Orchidaceae　　兜兰属 *Paphiopedilum*

茂兰保护区

▪ **分布：** 捞村。

▪ **生境：** 生于海拔400—600米的林下或林缘岩石缝中或多石湿润土壤上。

地生或半附生植物。叶基生，二列，5—6枚；叶片带形，革质，先端急尖并常有2小齿。花葶直立，被深紫色长柔毛，基部常有长鞘，顶端生1花；花苞片宽卵形；花梗和子房常具6纵棱，棱上密被长柔毛；花较大，下半部及唇瓣黄绿色有紫褐色斑点，上半部玫瑰紫色有白色晕；中萼片宽卵形；合萼片卵形；花瓣匙形；唇瓣倒盔状；囊椭圆状圆锥形，囊口两侧各有1个直立的耳。花期4—5月。

中国产于贵州、广西和云南。印度、越南、老挝和泰国也有分布。

唇瓣呈口袋形，姿态可爱，具有极高的观赏价值。

麻栗坡兜兰 **Paphiopedilum malipoense**

兰科 Orchidaceae　　兜兰属 *Paphiopedilum*

　　地生或半附生植物，具短的根状茎。叶基生，二列；叶片长圆形，革质，边缘具缘毛。花葶直立，紫色，具锈色长柔毛，顶生1花；花苞绿色具紫色斑点；花梗和子房长3.5—4.5厘米；花直径8—9厘米，黄绿色或淡绿色；中萼片椭圆状披针形；合萼片卵状披针形，内表面疏被微柔毛；花瓣两面被微柔毛；唇瓣深囊状，近球形；退化雄蕊长圆状卵形，长达1.3厘米，宽约1.1厘米，先端截形，基部近无柄。花期12月至翌年3月。

　　中国产于贵州、广西和云南。越南也有分布。

　　花色偏绿且具紫色斑点，花形奇特，具有极高的观赏价值。

茂兰保护区

- **分布**：计才和瑶所。
- **生境**：生于海拔约800米的岩壁上。

硬叶兜兰 **Paphiopedilum micranthum**

兰科 Orchidaceae　　兜兰属 *Paphiopedilum*

茂兰保护区

- **分布：** 洞化和吉洞。
- **生境：** 生于海拔650—800米的岩石上。

　　根状茎细长，横走。叶基生、二列、4—5枚，坚革质，长圆形或舌状，长5—15厘米，宽1.5—2厘米，正面有深浅绿色相间的网格斑，背面具紫色斑点。花葶直立，长达26厘米，具紫斑和柔毛，顶生1花；花苞片卵形，具紫斑；花梗和子房被长柔毛；中萼片与花瓣常白色，具黄色晕和淡紫红色粗脉纹；合萼片与花瓣具柔毛；唇瓣深囊状，基部具短爪，白色至淡粉红色；退化雄蕊黄色并有淡紫红色斑点和短纹，椭圆形，两侧边缘近直立，稍内弯，2枚能育雄蕊甚美观。花期3—5月。

　　中国产于广西、贵州和云南。越南也有分布。

　　花色清新，花形奇特，具有极高的观赏价值。

龙头兰 *Pecteilis susannae*

兰科 Orchidaceae　　白蝶兰属 *Pecteilis*

植株高达1.2米。块茎长圆形；茎具多叶。下部叶卵形或长圆形，长6—10厘米或更长，上部叶披针形，长达5厘米。总状花序具2—5花；苞片叶状；子房圆柱形，扭转；花白色，芳香；中萼片宽卵形或近圆形；侧萼片宽卵形，较中萼片稍长；花瓣线状披针形；唇瓣3裂，中裂片线状长圆形，全缘，肉质，侧裂片近扇形，外侧边缘篦状或流苏状撕裂，内侧全缘；距下垂，长6—10厘米，径3—5毫米，较子房长2—3倍。花期7—9月。

中国产于江西、福建、广东、香港、海南、广西、贵州、四川和云南。马来西亚、缅甸、印度和尼泊尔也有分布。

株形优美，花纯白且芳香，具有极高的观赏价值。

茂兰保护区

- **分布：** 常见。
- **生境：** 生于海拔650—800米的山坡林下、沟边或草坡。

黄花鹤顶兰 **Phaius flavus**

兰科 Orchidaceae 鹤顶兰属 *Phaius*

茂兰保护区

- **分布：**莫干、洞应、坡岭、板寨和高望。

- **生境：**生于海拔650—800米的山坡林下阴湿处。

　　假鳞茎卵状圆锥形，被鞘。叶4—6，通常具黄色斑块，长椭圆形，两面无毛。花葶直立粗壮；总状花序；花苞片宿存，大而宽，披针形；花梗和子房长约3厘米；花柠檬黄色，干后变靛蓝色；中萼片倒卵形；侧萼片斜长圆形，与中萼片等长；花瓣长圆状倒披针形，约等长于萼片；唇瓣贴生于蕊柱基部，与蕊柱分离，侧裂片倒卵形，围抱蕊柱，中裂片圆形；唇盘具3—4条褐色脊突；距白色；蕊柱白色，密被白色长柔毛；蕊喙肉质；药帽白色；药床宽大；花粉团卵形。花期4—10月。

　　中国产于贵州、福建、台湾、湖南、广东、广西、香港、海南、四川、云南和西藏。斯里兰卡、尼泊尔、不丹、印度、日本、菲律宾、老挝、越南、马来西亚、印度尼西亚和新几内亚岛也有分布。

　　株形优美，叶大、翠绿，花色淡雅，具有极高的观赏价值。

单叶石仙桃 *Pholidota leveilleana*

兰科 Orchidaceae　　石仙桃属 *Pholidota*

　　根状茎较粗壮、缩短、生密集的假鳞茎。假鳞茎狭卵形，顶端生1叶。叶狭椭圆形，先端近渐尖，基部收狭；叶柄长3.5—8厘米。花葶生于幼嫩假鳞茎顶端；总状花序疏生12—18花；花苞片椭圆形；花白色略带粉红色，唇瓣淡褐白色，柱头红色；萼片宽卵状椭圆形；花瓣卵状椭圆形，先端钝；唇瓣轮廓为宽长圆形，约在上部3/5处缢缩成前后唇；后唇中央凹陷成浅杯状；前唇横长圆形；蕊柱长约3毫米，顶端有宽翅围绕药床。蒴果狭倒卵形，果梗长2—3毫米。花期5月。

　　中国产于广西和贵州。

　　株形优美，花白色略带粉红色，具有极高的观赏价值。

茂兰保护区

- **分布：** 少见。
- **生境：** 生于海拔500—800米的疏林下或稍荫蔽的岩石上。

艳丽菱兰 Rhomboda moulmeinensis

兰科 Orchidaceae　菱兰属 *Rhomboda*

茂兰保护区

- **分布：**少见。
- **生境：**生于海拔 550—800米的林下阴湿处。

草本，高达30厘米，具肉质、匍匐根状茎。茎直立，具4—6 叶。叶狭椭圆形，长4—7厘米，先端渐尖，基部楔形，上面绿色，中肋具1条白色宽条纹，背面灰绿色；叶柄下部扩大成鞘抱茎。总状花序具花数朵，被短柔毛；鞘状苞片淡红色，2—3枚；花苞片卵状披针形，淡红色；子房扭转，无毛；花淡红色，倒置；中萼片凹陷呈舟状，与花瓣粘合成兜状；侧萼片比中萼片稍大；花瓣宽半卵形；唇瓣白色，前部扩大并2裂，中部收狭成短爪，基部凹陷成囊，囊内有1枚隔膜状褶片和近基部有2枚具短柄的胼胝体；蕊柱短，长约3毫米；柱头2。花期8—10月。

中国产于贵州、广西、四川、云南和西藏。缅甸和泰国也有分布。

株形直立优美，花色素雅，其花具有观赏价值。

苞舌兰 Spathoglottis pubescens

兰科 Orchidaceae　　苞舌兰属 *Spathoglottis*

　　假鳞茎扁球形，顶生1—3叶。叶带状或窄披针形，长达43厘米，宽1—1.7厘米，基部收窄成细柄。花葶长达50厘米，密生柔毛；花序疏生2—8花；花黄色；萼片椭圆形，先端锐尖，背面被毛；花瓣与萼片等长，宽长圆形，两面无毛；唇瓣与花瓣近等长，3裂，侧裂片镰状长圆形，中裂片倒卵状楔形，基部具宽短爪，其上具1对半圆形肥厚附属物，爪基部两侧有时各具1钝齿；唇盘具3条脊突，中间1条隆起而成肉质褶片。花期7—10月。

　　中国产于浙江南部、福建、江西、湖南、广东、香港、广西、贵州、四川和云南。印度东北部和中南半岛也有分布。

　　株形优美，花黄色，具有观赏价值。

茂兰保护区

- **分布**：常见。
- **生境**：生于海拔450—800米的山坡草丛中或疏林内。

琴唇万代兰 Vanda concolor

兰科 Orchidaceae 万代兰属 *Vanda*

茂兰保护区

- **分布：**少见。
- **生境：**生于海拔约800米的山地林缘树干上或岩壁上。

  茎长4—13厘米，具多数二列的叶。叶革质，带状。花序1—3个，不分枝；花序柄长6—9厘米；花苞片卵形；花梗白色，纤细；花具香气，萼片和花瓣在背面白色，正面黄褐色；萼片相似；花瓣近匙形，基部收狭为爪；唇瓣3裂，侧裂片白色，内面具许多紫色斑点，中裂片中部以上黄褐色，中部以下黄色，提琴形；距白色，细圆筒状，末端近锐尖，内面近距口处被短毛；蕊柱白色，长7毫米；药帽黄色。花期4—5月。

  中国产于贵州、广东、广西和云南。

  株形优美，具有极高的观赏价值。

台湾香荚兰 *Vanilla somae*

兰科 Orchidaceae   香荚兰属 *Vanilla*

　　草质攀援藤本，多节，节间长7—10厘米。叶互生，狭卵形或椭圆状披针形，厚肉质。花序生于叶腋，很短，通常具2花；花淡黄绿色或白绿色，唇瓣内表面为淡粉红色和黄色；萼片与花瓣相似，椭圆状倒披针形或倒披针形，长约4厘米，宽8—10毫米，先端外弯；唇瓣近基部与蕊柱边缘合生成管，管的长度不及蕊柱长度的1/2，唇瓣前部扩大，略3裂，边缘波状。果实近圆柱状，弯曲，有不明显的3纵脊，长7—10厘米。花果期4—8月。

　　中国产于贵州、广西和台湾。

　　花淡黄绿色，具有一定的观赏价值。

茂兰保护区

- **分布：** 少见。
- **生境：** 生于海拔450—650米的林下或溪边林下。

仙茅 **Curculigo orchioides**

仙茅科 Hypoxidaceae 仙茅属 *Curculigo*

茂兰保护区

▪ **分布：** 螃蟹沟。

▪ **生境：** 生于海拔450—700米的林中、草地或荒坡上。

多年生草本。根状茎圆柱状，粗厚，直立，长达10厘米。叶线形或披针形，长10—45厘米，宽0.5—2.5厘米，先端长渐尖，两面被毛或无毛；无柄或具短柄。花茎被柔毛；苞片披针形，具缘毛；总状花序稍伞房状，具4—6花；花黄色；花梗长约2毫米；花被片长圆状披针形，外轮背面有时疏生柔毛；雄蕊长约为花被片的1/2，花丝长1.5—2.5毫米，花药长2—4毫米；柱头3裂，裂片比花柱长，子房窄长，顶端具长达2.5毫米的喙，被疏毛。浆果近纺锤状。花果期4—9月。

中国产于浙江、江西、福建、台湾、湖南、广东、广西、四川南部、云南和贵州。柬埔寨、印度、印度尼西亚、老挝、缅甸、巴基斯坦、巴布亚新几内亚、菲律宾、泰国、越南和日本也有分布。

株形美观，叶色翠绿，可盆栽，是良好的观叶植物。

蝴蝶花 Iris japonica

鸢尾科 Iridaceae　鸢尾属 *Iris*

多年生草本，具较粗直立根状茎和较细横走根状茎。叶基生，剑形，长25—60厘米，宽1.5—3厘米。花茎直立，比叶片高；总状聚伞花序顶生，分枝5—12个；苞片3—5，含花2—4朵；花淡蓝色或蓝紫色；花被管长1.1—1.5厘米，外花被裂片倒卵形，边缘波状，有细齿，中脉具黄色鸡冠状附属物，内花被裂片椭圆形；雄蕊长0.8—1.2厘米，花药白色；花柱分枝扁平，中脉淡蓝色，顶端裂片缫状丝裂，子房纺锤形。蒴果椭圆状卵圆形，长2.5—3厘米，无喙。种子黑褐色，呈不规则多面体。花期3—4月，果期5—6月。

中国产于江苏、安徽、浙江、福建、湖北、湖南、广东、广西、陕西、甘肃、四川、贵州和云南。

叶色翠绿，花形奇特，可盆栽供观赏，也可作园林绿化植物。

茂兰保护区

- **分布：**常见。
- **生境：**生于海拔500—800米的山坡较荫蔽而湿润的草地、疏林下或林缘草地。

小花鸢尾 *Iris speculatrix*

鸢尾科 Iridaceae　　鸢尾属 *Iris*

茂兰保护区

▪ **分布：** 常见。

▪ **生境：** 生于山地、路旁、林缘或疏林下。

　　多年生草本，植株基部具老叶鞘纤维。根状茎二歧状分枝，斜伸。叶稍曲，暗绿色，有光泽，剑形或线形，有3—5纵脉，长15—30厘米，宽0.6—1.2厘米。花茎不分枝或偶有分枝，高达25厘米；苞片2—3，草质，绿色，窄披针形，包1—2花；花蓝紫色或淡蓝色；花被筒短；外花被裂片匙形，有深紫色环形斑纹，中脉有黄色鸡冠状附属物，内花被裂片窄倒披针形；雄蕊花药白色；花柱分枝扁平，顶端裂片窄三角形，子房纺锤形。蒴果椭圆形，喙细长；果柄弯成90度。种子多面体形，棕褐色，侧有小翅。花期5月，果期7—8月。

　　中国产于安徽、浙江、福建、湖北、湖南、江西、广东、广西、四川和贵州。

　　叶碧绿青翠，花蓝紫色，可盆栽供观赏，也可作园林绿化植物。

文殊兰 Crinum asiaticum var. sinicum

石蒜科 Amaryllidaceae   文殊兰属 *Crinum*

多年生粗壮草本。鳞茎长圆柱形。叶深绿色，20—30枚，线状披针形，长达1米，宽7—12厘米，边缘波状，先端渐尖具尖头。花茎直立，与叶近等长；伞形花序有10—24花；总苞片披针形，长6—10厘米；小苞片线形，长3—7厘米；花梗长0.5—2.5厘米；花芳香；花被高脚碟状，花被筒绿白色，直伸，长7—10厘米，径1.5—2毫米，裂片白色，线形，长4.5—9厘米，宽6—9毫米，先端渐尖；雄蕊淡红色，花丝长4—5厘米，花药线形，长1.5厘米以上，先端渐尖；子房纺锤形，长不及2厘米。种子1粒。花期夏季。

中国产于浙江、福建、台湾、江西、贵州、广东、海南和广西。

花朵芳香，叶色翠绿，具有极高的观赏价值，可盆栽供观赏。

茂兰保护区

- **分布：**常见。
- **生境：**生于林中。

忽地笑 Lycoris aurea

石蒜科 Amaryllidaceae 石蒜属 *Lycoris*

茂兰保护区

- **分布：** 翁昂和小七孔。
- **生境：** 生于海拔600—800米山坡、岩石缝隙的阴凉潮湿的地方。

鳞茎卵形，直径约5厘米。秋季出叶，叶剑形，向基部渐狭，顶端渐尖，中间淡色带明显。花茎高约60厘米；总苞片2，披针形，长约35厘米，宽约0.8厘米；伞形花序有花4—8朵；花黄色；花被裂片背面具淡绿色中肋，倒披针形，长约6厘米，宽约1厘米，强度反卷和皱缩，花被筒长12—15厘米；雄蕊略伸出于花被外，花丝黄色；花柱上部玫瑰红色。蒴果具3棱，室背开裂。种子少数，近球形，直径约0.7厘米，黑色。花期8—9月，果期10月。

中国产于福建、甘肃、广东、广西、贵州、河南、湖北、湖南、江苏、江西、陕西、四川、台湾、云南和浙江。印度、印度尼西亚、日本、老挝、缅甸、巴基斯坦、泰国和越南也有分布。

花葶健壮，花色鲜艳，可作园林绿化植物。

石蒜 Lycoris radiata

石蒜科 Amaryllidaceae　石蒜属 Lycoris

多年生草本。鳞茎近球形，径1—3厘米。叶深绿色，秋季出叶，窄带状，长约15厘米，宽约5毫米，先端钝，中脉具粉绿色带。花茎高约30厘米；顶生伞形花序，具4—7花；总苞片2，披针形；花两侧对称，鲜红色；花被裂片窄倒披针形，外弯，边缘皱波状，花被筒绿色；雄蕊伸出花被，比花被长1倍左右。花期8—9月，果期10月。

中国产于江苏、安徽、浙江、福建、江西、湖北、湖南、广东、广西、贵州、云南、四川、陕西和河南。日本、朝鲜半岛南部也有分布。

花朵鲜艳，姿态优美，冬可观叶，可作园林绿化植物。

茂兰保护区

- **分布：**少见。
- **生境：**生于河谷或沟边阴湿石缝中。

荔波蜘蛛抱蛋 *Aspidistra liboensis*

天门冬科 Asparagaceae　　蜘蛛抱蛋属 *Aspidistra*

茂兰保护区

▪ **分布：** 常见。

▪ **生境：** 生于海拔600—700米的林下。

　　多年生草本。根状茎匍匐，具鳞片。叶单生，具黄白色斑点，宽卵形，长12—22厘米，宽7—10厘米，先端渐尖，基部近圆形；叶柄长16—22厘米。花梗长1.5—4.5厘米；苞片3—5，稍紫色，宽卵形；花单生；花被钟状，裂片紫色，具2附属物；雄蕊8—10，花药卵球形；雌蕊长6—7毫米，子房4—5室，花柱圆柱形，柱头盘状。浆果球形，直径1.5—2.2厘米。花期2—3月，果期4—6月。

　　中国产于贵州。

　　叶挺拔整齐，叶色翠绿，可盆栽赏其叶。

沿阶草 Ophiopogon bodinieri

天门冬科 Asparagaceae   沿阶草属 Ophiopogon

　　根纤细，近末端具小块根。地下走茎长，节上具膜质的鞘。茎短。叶基生成丛，禾叶状，长20—40厘米，宽2—4毫米，边缘具细锯齿。花葶与叶稍近等长；总状花序，具花十几朵；花单生或2朵簇生；苞片条形或披针形；花梗长5—8毫米；花被片卵状披针形，长4—6毫米，内轮3片宽于外轮3片，白色或稍带紫色；花丝极短，花药狭披针形，常呈绿黄色；花柱长4—5毫米。种子近球形或椭圆形，直径5—6毫米。花期6—8月，果期8—10月。

　　中国产于云南、贵州、四川、湖北、河南、陕西、甘肃、西藏和台湾。

　　四季常青，花色淡雅，花葶直挺，可盆栽供观赏，也可作地被植物。

茂兰保护区

- **分布：** 水中林。
- **生境：** 生于海拔450—600米的山坡、山谷潮湿处、沟边、灌木丛下或林下。

多花黄精 Polygonatum cyrtonema

天门冬科 Asparagaceae 黄精属 *Polygonatum*

茂兰保护区

- **分布：** 翁昂和莫干。
- **生境：** 生于海拔500—700米的林下、灌丛或山坡阴处。

根状茎肥厚，常连珠状或结节成块。叶常10—15枚，互生，椭圆形至矩圆状披针形，稍镰状弯曲，长10—18厘米，宽2—7厘米，顶端渐尖。花序伞形，具数花；总花梗长1—4厘米；苞片微小；花被黄绿色，全长18—25毫米；裂片长约3毫米；花丝具乳头状突起至具短绵毛，顶端稍膨大乃至具囊状突起，花药长3.5—4毫米；子房长3—6毫米，花柱长12—15毫米。浆果黑色，直径约1厘米，具3—9粒种子。花期5—6月，果期8—10月。

中国产于四川、贵州、湖南、湖北、河南、江西、安徽、江苏、浙江、福建、广东和广西。

花黄绿色，似串串风铃悬挂于叶腋，随风摇曳，可盆栽供观赏。

开口箭 Rohdea chinensis

天门冬科 Asparagaceae　　万年青属 *Rohdea*

根状茎长圆柱形。叶基生，4—8枚，披针形，先端渐尖，基部渐狭；鞘叶2，披针形或矩圆形。穗状花序直立，密生多花；总花梗短，长1—6厘米；苞片绿色，除每花有一枚苞片外，另有几枚无花苞片在花序顶端聚生成丛；花短钟状；花被筒长2—2.5毫米；裂片卵形，先端渐尖，肉质，黄色；花丝基部扩大，肉质，有的彼此连合，花丝上部分离，长1—2毫米，花药卵形；子房近球形，花柱不明显，柱头三棱形，顶端3裂。浆果球形，熟时紫红色。花期4—6月，果期9—11月。

中国产于湖北、湖南、江西、福建、台湾、浙江、安徽、河南、陕西、四川、云南、贵州、广西和广东。

株形优美，叶色翠绿，可盆栽供观赏。

茂兰保护区

- **分布：** 必达。
- **生境：** 生于海拔600米左右的林下阴湿处、溪边或路旁。

尖果省藤 Calamus oxycarpus

棕榈科 Arecaceae 省藤属 *Calamus*

茂兰保护区

▪ **分布：**常见。

▪ **生境：**生于海拔约800米的茂密半常绿森林中。

茎直立，丛生灌木状，高约2米。叶羽状全裂，长约2米，顶端不具纤鞭；羽片2—3片成组着生，披针形；叶轴背面疏被直刺。雌花序细长鞭状，长达1米以上；一级佛焰苞具刺；花序轴细；小穗轴紧贴于花序轴；小佛焰苞为斜漏斗状，有绒毛；中性花的小窠明显；雌花较大，长卵形；花萼钟状、质硬、具条纹脉，裂至中部成三角形渐尖的裂片；花冠裂片披针形渐尖；子房密被褐色绒毛，柱头稍粗。果被凸起；果实长卵球形，鳞片23—24纵列。种子长圆状，腹面稍扁平，两端变狭。花期2月，果期8月。

中国产于广西和贵州。

株形优美，叶繁翠绿，可作大型盆栽供观赏或栽植于庭园观赏。

鱼尾葵 Caryota maxima

棕榈科 Arecaceae　　鱼尾葵属 *Caryota*

乔木，高达20米，具环状叶痕。茎被白色的毡状绒毛。叶大而粗壮，暗绿色，长3—4米；羽片互生，下垂，最上部的一羽片大，楔形，先端2—3裂，侧边的羽片小，菱形，外缘笔直，内缘上半部呈不规则的齿缺，且延伸成短尖或尾尖。佛焰苞与花序无糠秕状的鳞秕；花序长达5米，具多数穗状的分枝花序；雄花花萼与花瓣不被脱落性的毡状绒毛，萼片宽圆形，表面具疣状凸起，边缘不具半圆齿，无毛，花瓣椭圆形，黄色，雄蕊50—111，花药线形，黄色，花丝近白色；雌花花萼顶端全缘，花瓣长约5毫米；退化雄蕊3，钻状；子房近卵状三棱形，柱头2裂。果实球形，成熟时红色。种子1粒，稀2粒，胚乳嚼烂状。花期5—7月，果期8—11月。

中国产于福建、广东、海南、广西、贵州和云南。世界亚热带地区也有分布。

树干高大挺拔，树姿优美，叶形酷似鱼尾，颜色翠绿，可作大型盆栽供观赏或栽植于庭园美化环境。

茂兰保护区

- **分布：** 捞村。
- **生境：** 生于海拔450—700米的山坡或沟谷林中。

石山棕 *Guihaia argyrata*

棕榈科 Arecaceae　　石山棕属 *Guihaia*

茂兰保护区

- **分布：** 常见。
- **生境：** 生于海拔1000米以下的林中。

　　植株丛生，高达1米。茎直立或匍匐，密被宿存叶基。叶掌状深裂，扇形或近圆形，直径约50厘米，深裂至3/4—4/5，裂片20—26，正面绿色，背面被毡状银白色绒毛；叶柄长达1米或更长；叶鞘深褐色，初管状，后成针刺状。花序具2—5分枝，分枝达4级，长达80厘米；分枝序轴很细，雌序轴长约5厘米，雄序轴较细短；雄花花蕾时长约1.5毫米，萼片3，基部合生，卵形，外面被柔毛，内面无鳞片，边缘具纤毛，花冠略长于花萼，无毛，3裂，基部合生，雄蕊6，无退化雌蕊；雌花花萼、花冠与雄花相似，退化雄蕊6。果近球形，蓝黑色，被蜡层。

　　中国产于广东、广西和贵州。

　　四季常青、枝繁叶茂、叶形独特，可栽植于庭园用于假山配景。

棕竹 **Rhapis excelsa**

棕榈科 Arecaceae   棕竹属 *Rhapis*

丛生灌木，高达3米。茎圆柱形，具节。叶掌状，4—10深裂，裂片条状披针形，长20—30厘米，边缘具锯齿，横脉明显；叶柄长8—20厘米；叶鞘淡黑色，裂成粗纤维质网状。肉穗花序具2—3分枝，每分枝花序具一回至二回分枝，总花序梗及分枝花序梗基部各有1枚管状佛焰苞；花单性，雌雄异株；雄花淡黄色，成熟时花冠管伸长，花时棍棒状椭圆形，花萼杯状，3深裂，花冠3裂；雌花卵状球形。浆果球形。种子球形。花期6—7月，果期9—11月。

中国产于福建、广东、香港、海南、广西、贵州、四川和云南。

四季常青，丛生挺拔，枝繁叶茂，叶形秀丽，可栽植于庭园观赏。

茂兰保护区

- **分布：**吉洞。
- **生境：**生于海拔450—700米的山地疏林中。

棕榈 Trachycarpus fortunei

棕榈科 Arecaceae　　棕榈属 *Trachycarpus*

茂兰保护区

- **分布:** 尧兰。
- **生境:** 生于海拔450—650米的疏林中。

　　乔木，高达15米。叶掌状深裂，直径50—70厘米，裂片条形，坚硬，顶端浅2裂；叶柄顶端具小戟突；叶鞘纤维质网状。花序粗壮，雌雄异株；雄花序常二回分枝，雄花黄绿色，卵球形，花萼3，花瓣阔卵形，雄蕊6，花药卵状箭头形；雌花花序梗上有3个佛焰苞包着，具4—5分枝花序，雌花淡绿色，常2—3朵聚生，花球形，萼片3裂，花瓣卵状近圆形，退化雄蕊6，心皮被银色毛。核果肾状球形，成熟时淡蓝色，被白粉。花期4月，果期12月。

　　中国产于长江以南各省区。

　　四季常青，树形挺拔，可栽植于庭园、路边及花坛中观赏。

饭包草 Commelina benghalensis

鸭跖草科 Commelinaceae   鸭跖草属 *Commelina*

多年生匍匐草本。茎多分枝，长可达70厘米，被疏柔毛。叶鞘具睫毛；叶片卵形，长3—7厘米，近无毛。总苞片佛焰苞状，近无柄，与叶对生，常数个集于枝顶，下部边缘合生成漏斗状，疏被毛；聚伞花序具花数朵；花萼膜质；花瓣蓝色，具长爪；雄蕊6，3枚能育。蒴果椭圆形，长4—6毫米，3室，3瓣裂，具5粒种子。种子多皱，长近2毫米。花期从夏季至秋季。

中国产于安徽、福建、广东、广西、贵州、海南、河北、河南、湖北、湖南、江苏、江西、陕西、山东、四川、台湾、云南和浙江。

花瓣蓝色，茎叶繁茂，可丛植于庭园观赏。

茂兰保护区
- **分布：**常见。
- **生境：**生于潮湿的地方。

鸭跖草 Commelina communis

鸭跖草科 Commelinaceae　鸭跖草属 *Commelina*

茂兰保护区

- **分布：** 常见。
- **生境：** 生于湿地。

　　一年生披散草本。茎匍匐生根，多分枝，长达1米，上部被短毛。叶披针形至卵状披针形，长3—9厘米，宽1.5—2厘米。总苞片佛焰苞状，柄长1.5—4厘米，与叶对生，折叠状，展开后为心形，边缘具硬毛；聚伞花序，下面一枝具1花，不孕，上面一枝具3—4花；花梗花期长仅3毫米，果期弯曲。蒴果椭圆形，长5—7毫米，2室，2片裂，具种子4粒。种子长2—3毫米，棕黄色。

　　中国产于黑龙江、吉林、辽宁、内蒙古、河北、山东、河南、陕西、宁夏、甘肃、江苏、安徽、浙江、台湾、福建、江西、湖北、湖南、广东、香港、广西、贵州、四川和云南。越南、朝鲜半岛、日本、俄罗斯（远东地区）及北美洲也有分布。

　　花瓣深蓝色，叶繁浓绿，可丛植于庭园观赏，亦可作地被植物。

山姜 *Alpinia japonica*

姜科 Zingiberaceae　山姜属 *Alpinia*

　　株高35—70厘米，具横生、分枝的根茎。叶片通常2—5片，长25—40厘米，宽4—7厘米；叶舌2裂，长约2毫米。总状花序顶生，长15—30厘米；花序轴密生绒毛；总苞片披针形，长约9厘米，开花时脱落；花通常2朵聚生；小花梗长约2毫米；花萼棒状，顶端3齿裂；花冠管长约1厘米，花冠裂片长圆形，后方的一枚兜状；唇瓣卵形，白色而具红色脉纹；雄蕊长1.2—1.4厘米；子房密被绒毛。果球形或椭圆形，熟时橙红色，顶有宿存的萼筒。种子多角形，有樟脑味。花期4—8月，果期7—12月。

　　中国产于安徽南部、浙江、台湾、福建、江西、湖北、湖南、广东、广西、贵州、四川和云南。日本也有分布。

　　叶繁翠绿，花朵芳香，可栽植于庭园观赏。

茂兰保护区

- **分布**：翁昂。
- **生境**：生于林下阴湿处。

峨眉姜花 Hedychium flavescens

姜科 Zingiberaceae　　姜花属 Hedychium

茂兰保护区

▪ **分布：** 常见。

▪ **生境：** 生于海拔470—900米的阴湿沟边、荒坡或灌木林下。

多年生草本。根状茎横走，鳞片被贴伏的长柔毛。叶片椭圆状披针形或披针形，正面光滑，背面密被贴伏的长柔毛；无柄；叶鞘被长柔毛；叶舌膜质。穗状花序矩圆状卵形；苞片覆瓦状排列，倒卵形或椭圆状卵形，上部密，边缘白膜质状；花黄色或黄白色，芳香，花萼管状，膜质；花冠管长7—8.5厘米，黄白色；花药橙黄色；子房具长柔毛，花柱线形，柱头漏斗状。花期7—9月。

中国产于四川和贵州。

花黄色或黄白色且芳香，花形奇特，可种植于庭园观赏。

蘘荷 *Zingiber mioga*

姜科 Zingiberaceae　　姜属 *Zingiber*

　　株高至1米。叶披针状椭圆形，长20—37厘米，宽4—6厘米；叶柄长0.5—1.7厘米或无柄；叶舌2裂，膜质。穗状花序椭圆形；总花梗长达17厘米，具鞘；苞片椭圆形，覆瓦状排列，红绿色，具紫脉；花萼一侧开裂；裂片披针形，长约3厘米，淡黄色；唇瓣卵形，3裂，中裂片中部黄色，边缘白色，侧裂片长约1.3厘米；花药、药隔附属体各长1厘米。果倒卵形，熟时裂成3瓣，果皮里面鲜红色。种子黑色，被白色假种皮。花期8—10月。

　　中国产于安徽、江苏、浙江、湖南、江西、广东、广西和贵州。日本也有分布。

　　株形紧凑，形态美观，果皮鲜红色，具有极高的观赏价值，可盆栽供观赏。

茂兰保护区

▪ **分布**：少见。

▪ **生境**：生于山谷中阴湿处。

密苞叶薹草 Carex phyllocephala

莎草科 Cyperaceae　薹草属 *Carex*

茂兰保护区

- **分布：**少见。
- **生境：**生于海拔500—850米的林下、路旁、沟谷等潮湿地。

　　根状茎短而稍粗，木质。秆高达60厘米，钝三棱形，下部具鞘。叶排列紧密，质较坚挺；叶鞘紧包着秆；鞘上端的叶舌明显，淡红褐色。苞片叶状，具苞鞘。小穗6—10，密集生于秆上端；顶生小穗为雄小穗，线状圆柱形，具短柄；其余小穗为雌小穗，有时顶端有少数雄花，狭圆柱形，密生多数花，具小穗柄。雌花鳞片宽卵形，膜质。果囊斜展，宽倒卵形，三棱形，膜质。小坚果倒卵形，三棱形，基部无柄。花果期6—9月。

　　贵州新记录种。中国产于福建、贵州和广西。

　　叶色翠绿，株形奇特，可栽植于庭园观赏。

黔竹 *Dendrocalamus tsiangii*

禾本科 Poaceae　　牡竹属 *Dendrocalamus*

秆高约8米，直径3—4厘米，梢端长下垂，节间长20—30（—40）厘米，幼时被白粉，节下方被淡棕色绒毛环。分枝习性较高。箨鞘厚纸质，早落，长16—20厘米，背面贴生淡棕色刺毛；无箨耳；箨舌高2毫米，具缝毛；箨叶披针形，外翻，易脱落，基部较箨鞘顶端窄，腹面被白色硬毛。小枝具5—7叶。叶鞘无毛，无叶耳；叶舌高1—2毫米，边缘波状或具细齿，具纤毛；叶长圆状披针形，长6—16厘米，宽1—2厘米，无毛，具1芒状尖头；叶柄极短。

中国产于广西、贵州和四川。

株形优雅别致，色泽极佳，可单独造景，也可作绿篱。

茂兰保护区

- **分布：**常见。
- **生境：**常散生于海拔610米左右的林中。

轮环藤 Cyclea racemosa

防己科 Menispermaceae　轮环藤属 *Cyclea*

茂兰保护区

- **分布：**莫干。
- **生境：**生于林中或灌丛中。

藤本。枝初被柔毛，后无毛。叶膜质，卵状三角形，互生，长4—9厘米，宽3—5厘米，先端急尖或略钝，基部截形或微心形，全缘，正面有时具疏柔毛，背面脉部有疏柔毛，浅灰色，掌状脉5—7条；叶柄长4—5厘米。花单性，雌雄异株；雄花序为聚伞花序及近总状花序；苞片及花梗密被长柔毛；花梗长1.5—2毫米；雄花花萼坛状钟形，具4—5裂片，无毛，绿色或浅紫色；花瓣长约0.6毫米；聚药雄蕊合生，柱状，长约2.5毫米。核果扁圆形，具长糙硬毛。花期4—5月，果期8月。

中国产于浙江、福建、江西、湖北、湖南、广东北部、贵州、四川、陕西和河南。

枝叶繁茂，叶色翠绿，具有极高的观赏价值，可作植篱供观赏。

青牛胆 Tinospora sagittata

防己科 Menispermaceae　青牛胆属 *Tinospora*

　　草质藤本，具连珠状块根。枝纤细，有条纹，常被柔毛。叶披针状箭形或戟形，长7—15厘米，宽2.4—5厘米，基部弯缺常很深；掌状脉5条；叶柄有条纹。花序腋生；总梗、分枝和花梗均丝状；小苞片2，紧贴花萼；雄花萼片6，最外面的小，较内面的明显较大，花瓣6，肉质，常有爪，瓣片基部边缘常反折，长1.4—2毫米，雄蕊6，与花瓣近等长或稍长；雌花萼片与雄花相似，花瓣楔形，退化雄蕊6，心皮3，近无毛。核果红色，近球形；果核近半球形。花期4月，果期秋季。

　　中国产于湖北、陕西、四川、西藏、贵州、湖南、江西、福建、广东、广西和海南。越南也有分布。

　　花、果均具有观赏价值，可作植篱供观赏。

茂兰保护区

- **分布：** 吉洞。
- **生境：** 常散生于林下、林缘、竹林及草地上。

紫云小檗 Berberis ziyunensis

小檗科 Berberidaceae　　小檗属 *Berberis*

茂兰保护区

- **分布:** 水尧和永康。
- **生境:** 生于海拔640—1000米的山坡灌丛中。

　　常绿灌木。叶厚革质，椭圆形或狭椭圆形，长4—11厘米，宽1—3厘米，先端渐尖或锐尖，基部楔形，叶缘干时向背面反卷，全缘或具1—3刺齿；叶柄长2—3毫米。花多数，4—10朵簇生；花梗干后紫褐色，长1.5—2厘米；花黄色；小苞片三角状卵形；外轮萼片矩圆形；内轮萼片倒卵形；花瓣倒卵形，具2枚分离腺体；雄蕊长约2.3毫米，药隔先端平截；雌蕊长约2.5毫米；胚珠2颗，具短柄。浆果椭圆形，暗红色，顶端具短宿存花柱。花期3—4月，果期4—5月。

　　中国产于贵州和广西。

　　叶繁花茂，花黄色，具有观赏价值，可作植篱供观赏。

八角莲 *Dysosma versipellis*

小檗科 Berberidaceae　　鬼臼属 *Dysosma*

多年生草本。根状茎粗壮；茎直立，淡绿色。茎生叶2，薄纸质，盾状，近圆形，直径达30厘米，4—9浅裂；裂片阔三角形至卵状长圆形，长2.5—4厘米，基部宽5—7厘米，顶端锐尖，背面被柔毛，边缘具细齿；叶柄长10—15厘米。花梗纤细被柔毛；花5—8朵簇生，深红色，下垂；萼片6；花瓣6，勺状倒卵形；雄蕊6，花丝短于花药；子房椭圆形，无毛，花柱短，柱头盾状。浆果椭圆形，长约4厘米，直径约3.5厘米。种子多数。花期3—6月，果期5—9月。

中国产于湖南、湖北、浙江、江西、安徽、广东、广西、云南、贵州、四川、河南和陕西。

叶呈八角星形，十分奇特，可作人工湿地等的配景。

茂兰保护区

- **分布：** 尧兰、板寨、高望、吉洞、洞多和莫干。
- **生境：** 生于海拔450—750米的林下。

黔岭淫羊藿 **Epimedium leptorrhizum**

小檗科 Berberidaceae   淫羊藿属 *Epimedium*

茂兰保护区

- **分布：** 翁昂、莫干。
- **生境：** 生于海拔约600米的林下或灌丛中。

多年生草本。匍匐根状茎伸长达20厘米，具节。一回三出复叶基生或茎生；叶柄被棕色柔毛。小叶3，革质，狭卵形或卵形，长3—10厘米，宽2—5厘米；顶生小叶基部裂片近等大；侧生小叶基部裂片不等大，背面被柔毛及白粉，具乳突，边缘具刺齿。总状花序具4—8朵花，被腺毛；花梗被腺毛；花淡红色；萼片2轮；花瓣长达2厘米，角距状；雄蕊长约4毫米，花药长约3毫米，瓣裂，裂片外卷。蒴果长圆形，长约15毫米，宿存花柱喙状。花期4月，果期4—6月。

中国产于贵州、四川、湖北和湖南。

花大、淡红色，颜色清新，可作小型盆栽供观赏。

小果十大功劳 **Mahonia bodinieri**

小檗科 Berberidaceae　　十大功劳属 *Mahonia*

　　灌木或小乔木，高0.5—4米。叶倒卵状长圆形，具小叶8—13对，最下一对小叶生于叶柄基部；侧生小叶无叶柄，叶缘每边具3—10个粗大刺锯齿。花序为5—11个总状花序簇生，长10—20厘米；芽鳞披针形；花梗长1.5—5毫米；苞片狭卵形；花黄色；外萼片卵形，中萼片椭圆形，内萼片狭椭圆形；花瓣长圆形，基部腺体不明显，先端缺裂或微凹；雄蕊长2.2—3毫米，顶端平截，偶具3细牙齿，药隔不延伸；子房长约2毫米，花柱不显，胚珠2颗。浆果球形，紫黑色，被白霜。花期6—9月，果期8—12月。

　　中国产于贵州、四川、湖南、广东、广西和浙江。

　　株形美观，叶色翠绿，花黄色，可丛植于庭园观赏。

茂兰保护区

- **分布：**常见。
- **生境：**生于海拔450—950米的常绿阔叶林下、常绿落叶阔叶混交林和针叶林下、灌丛中、林缘、溪旁。

南天竹 Nandina domestica

小檗科 Berberidaceae　南天竹属 *Nandina*

茂兰保护区

- **分布：**甲良、洞湖、高望和吉洞等地。
- **生境：**生于海拔450—700米的山地林下沟旁、路边或灌丛中。

常绿小灌木。茎常丛生而少分枝，高1—3米。叶互生，集生于茎的上部，三回羽状复叶，长30—50厘米；小叶薄革质，顶端渐尖，基部楔形，全缘；近无柄。圆锥花序直立；花小、白色，具芳香；萼片多轮，外轮萼片卵状三角形，向内各轮渐大，最内轮萼片卵状长圆形；花瓣长圆形，先端圆钝；雄蕊6，花丝短，花药纵裂，药隔延伸；子房1室，具1—3颗胚珠。浆果球形，熟时鲜红色，稀橙红色；果柄长4—8毫米。种子扁圆形。花期3—6月，果期5—11月。

中国产于福建、浙江、山东、江苏、江西、安徽、湖南、湖北、广西、广东、贵州、四川、云南、陕西和河南。

茎干丛生，是良好的观果植物，可制作盆景或栽植于庭园供观赏。

卵叶银莲花 *Anemone begoniifolia*

毛茛科 Ranunculaceae　　银莲花属 *Anemone*

　　植株高达39厘米。基生叶3—9，有长柄；叶心状卵形或宽卵形，长2.8—8.8厘米，宽2.2—8.4厘米，顶端短渐尖，不分裂、微3裂或5浅裂，具牙齿，两面疏被长柔毛。花葶常紫红色；伞形花序具3—7花；苞片3，无柄，长圆形，长0.6—1.4厘米，不分裂或3裂；萼片5，白色，倒卵形，长0.5—1.1厘米；花丝丝状，花药宽长圆形，花粉具散沟；花柱短。瘦果菱状倒卵圆形，长约2毫米，背腹面各具1纵肋。花期2—4月。

　　中国产于云南、广西、贵州和四川。

　　花具观赏价值，可栽植于庭园。

茂兰保护区

- **分布：** 尧所和尧兰。
- **生境：** 生于海拔600—800米的沟边阴湿地或山谷密林中。

打破碗花花 Anemone hupehensis

毛茛科 Ranunculaceae　　银莲花属 *Anemone*

茂兰保护区

- **分布：** 翁昂、莫干、小七孔和甲良。
- **生境：** 生于海拔450—700米的低山或丘陵的草坡或沟边。

植株高达1.2米。基生叶3—5，有长柄；中央小叶有长柄（长1—6.5厘米），小叶片卵形或宽卵形，长4—11厘米，宽3—10厘米，顶端急尖或渐尖，基部圆形或心形，不分裂或3—5浅裂，边缘有锯齿，两面有疏糙毛；侧生小叶较小；叶柄长3—36厘米，疏被柔毛，基部有短鞘。聚伞花序二回至三回分枝，有较多花，偶尔不分枝，只有3花；苞片3，有柄（长0.5—6厘米），为三出复叶，似基生叶；花梗长3—10厘米，有密或疏柔毛；萼片5，紫红色或粉红色，倒卵形，长2—3厘米，宽1.3—2厘米，外面有短绒毛；雄蕊长约为萼片长度的1/4，花药椭圆形，花丝丝形。聚合果球形，直径约1.5厘米；瘦果长约3.5毫米，有细柄，密被绵毛。7—10月开花。

中国产于四川、陕西、湖北、贵州、云南、广西、广东、江西和浙江。

植株较高大，花朵颜色鲜艳，瘦果密被绵毛，具有极高的观赏价值，可用于花境布置。

山木通 **Clematis finetiana**

毛茛科 Ranunculaceae　　铁线莲属 *Clematis*

　　木质藤本。茎圆柱形。小枝具纵条纹和棱，无毛。叶为三出复叶，基部偶为单叶；小叶片卵状披针形至卵形，革质或薄革质，长3—9厘米，宽1.5—3.5厘米，先端渐尖或短尖，基部圆形，两面均无毛，全缘；叶柄长5—6厘米。聚伞花序顶生或腋生，被花1—3朵；花序梗长达7厘米；花梗长约5厘米；苞片小，钻形；萼片4，白色，展开，矩圆形或披针形，外面边缘被短绒毛，其余两面无毛；无花瓣；雄蕊无毛，花药较花丝长。瘦果纺锤形，宿存花柱被黄褐色羽状柔毛。花期4—6月，果期7—11月。

　　中国产于四川、贵州、湖北、江西、广东、福建、浙江和安徽。

　　攀爬能力强，花量大，是铁线莲观赏品种选育的优良材料。

茂兰保护区

- **分布：** 洞湖和莫干。
- **生境：** 生于海拔450—700米的山坡疏林、溪边、路旁灌丛中及山谷石缝中。

锈毛铁线莲 Clematis leschenaultiana

毛茛科 Ranunculaceae　　铁线莲属 *Clematis*

茂兰保护区

- **分布：** 凉水井。
- **生境：** 生于海拔500—800米的山坡灌丛中。

　　木质藤本。茎密被柔毛。三出复叶；小叶纸质，卵形至卵状披针形，长7—11厘米，先端渐尖，基部圆或浅心形，边缘具钝锯齿，表面具柔毛；叶柄长5—11厘米。聚伞花序腋生，具柔毛，3—10花；花序梗长1—2.5厘米；苞片披针形；花萼直立成壶状，顶端反卷；萼片4，外面密生锈色柔毛；花丝稀被长柔毛，花药线形；子房卵形。瘦果狭卵形，长约5毫米，被棕黄色短柔毛，花柱宿存。花期1—2月，果期3—4月。

　　中国产于云南、四川、贵州、湖南、广西、广东、福建和台湾。越南、菲律宾、印度尼西亚也有分布。

　　观花藤本，可用于篱笆、棚架的布置。花形奇特，园艺上可用于培育铁线莲新品种。

枫香树 **Liquidambar formosana**

蕈树科 Altingiaceae   枫香树属 *Liquidambar*

　　落叶乔木，高达30米。树皮灰褐色，方块状剥落；芽体卵形，鳞状苞片敷有树脂。叶宽卵形，掌状3裂，中央裂片先端长尖，两侧裂片平展，基部心形，背面初被毛，后脱落，掌状脉3—5，具锯齿；叶柄长达11厘米；托叶线形。雄性短穗状花序排成总状，雄蕊多数，花丝不等长；雌性头状花序有花24—43朵，花序柄偶有皮孔，萼齿4—7，针形，子房下半部藏在头状花序轴内，上半部游离，花柱长6—10毫米，先端常卷曲。头状果序圆球形，木质；蒴果下半部藏于花序轴内，有宿存花柱及针刺状萼齿。种子多数，褐色，多角形。

　　中国产于陕西、河南、安徽、江苏、浙江、福建、台湾、广东、广西、海南、湖南、湖北、贵州、四川和云南。越南、老挝和朝鲜也有分布。

　　可用作园林绿化树种，秋季叶可变成红色或橙黄色，极具观赏价值。

茂兰保护区

- **分布**：板寨、永康和立化等地。

- **生境**：性喜阳光，多生于平地、村落附近及低山的次生林中。

檵木 Loropetalum chinense

金缕梅科 Hamamelidaceae 　　檵木属 *Loropetalum*

茂兰保护区

- **分布**：立化、板寨和吉洞等地。
- **生境**：生于海拔700—800米的向阳的丘陵及山地。

　　灌木或小乔木。小枝具褐锈色星状毛。叶革质，卵形，长2—5厘米，宽1.5—2.5厘米，顶端锐尖，基部钝，不对称，全缘，背面密生星状柔毛；叶柄长2—5毫米。花两性，3—8朵簇生；苞片长约3毫米，条形；萼筒具星状毛，萼齿4，卵形，长约2毫米；花瓣4，白色，条形，长1—2厘米；雄蕊4，花丝极短，退化雄蕊与雄蕊互生，鳞片状；子房半下位，2室，每室具1垂生胚珠，花柱2，极短。蒴果木质，具星状毛。种子长卵形，长4—5毫米。花期3—4月。

　　中国产于安徽、福建、广东、广西、贵州、湖北、湖南、江苏、江西、四川、云南和浙江。日本和印度也有分布。

　　花洁白而美丽，可作道路美化树种。

四药门花 Loropetalum subcordatum

金缕梅科 Hamamelidaceae　　檵木属 *Loropetalum*

常绿灌木或小乔木。叶革质，卵状或椭圆形，长7—12厘米，宽3.5—5厘米，先端短急尖，基部圆形或微心形，全缘或上半部有少数小锯齿；叶柄长1—1.5厘米；托叶披针形，长5—6毫米，被星毛。头状花序腋生，有花约20朵，花序柄长4—5厘米；苞片线形，长约3毫米；花两性；萼筒长约1.5毫米，被星毛，萼齿5，矩状卵形，长约2.5毫米；花瓣5，带状，长约1.5厘米，白色；雄蕊5，花丝极短，花药卵形；退化雄蕊叉状分裂；子房有星毛。蒴果近球形，直径1—1.2厘米，有褐色星毛，萼筒长达蒴果2/3。种子长卵形，长约7毫米，黑色；种脐白色。

中国产于广东、广西和贵州。

株形优美，花期极长，可作优良的园林乡土植物。

茂兰保护区

- **分布**：吉洞。
- **生境**：生于海拔约450米的路边。

齿叶费菜 Phedimus odontophyllus

景天科 Crassulaceae 费菜属 *Phedimus*

茂兰保护区

- **分布：** 常见。
- **生境：** 生于海拔500—800米的山坡阴湿石上。

多年生草本。不育枝斜升，长5—10厘米。叶互生或对生，卵形或椭圆形，长2—5厘米，宽12—28毫米，先端稍急尖或钝，边缘具齿，基部急狭，入于假叶柄。花茎在基部生根，弧状直立，高达30厘米。聚伞状花序，分枝蝎尾状；花无梗；萼片5—6，三角状线形；花瓣5—6，黄色；鳞片5—6，近四方形，先端稍扩大，有微缺，心皮5—6。蓇葖横展，腹面囊状隆起。种子多数。花期4—6月，果期6月底。

中国产于四川、贵州和湖北。

株形小巧，花黄色，可盆栽供观赏或丛植于庭园观赏。

三叶崖爬藤 **Tetrastigma hemsleyanum**

葡萄科 Vitaceae　　崖爬藤属 *Tetrastigma*

草质藤本。掌状复叶；小叶3，草质，侧生小叶基部偏斜，中间小叶稍大，卵状披针形，长3—7厘米，顶端短渐尖或渐尖，边缘疏生小锯齿，无毛或变无毛；叶柄长2—7.5厘米。花序腋生，下部具节，节上具苞片，或假顶生而基部无节和苞片，二级分枝通常4，集生成伞形，花二歧状着生在分枝末端；花序梗较叶柄短，被短柔毛；花梗被短柔毛；花萼碟形，具齿；花瓣4，近卵形，顶端有极不明显的小角；柱头无柄，裂片4，星状开展。浆果球形，红褐色，成熟时黑色。

中国产于江苏、浙江、江西、福建、台湾、广东、广西、湖北、湖南、四川、贵州、云南和西藏。

花色优美，叶色翠绿，可开发成城市垂直绿化植物，美化立体空间。

茂兰保护区

■ **分布：** 青龙潭、高望和洞庭。

■ **生境：** 生于海拔450—680米的山坡灌丛、山谷及溪边林下岩石缝中。

崖爬藤 **Tetrastigma obtectum**

葡萄科 Vitaceae　　崖爬藤属 *Tetrastigma*

茂兰保护区

- **分布：** 莫干和洞多。
- **生境：** 生于海拔450—670米的山坡岩石上或林下石壁上。

　　草质藤本。卷须呈伞状集生。叶为掌状5小叶；小叶菱状椭圆形或椭圆状披针形，长1—4厘米，边缘每侧有3—8个锯齿，两面无毛；叶柄长1—4厘米；托叶膜质，宿存。花序与叶柄近等长，顶生或假顶生在短枝上；花序梗长约4厘米，被稀疏柔毛；花蕾卵椭圆形；萼浅碟形，边缘波状浅裂，外面稀被柔毛；花瓣4，顶端有短角；雄蕊4，花丝丝状，花药黄色；花盘明显，4浅裂；子房锥形，花柱短，柱头扩大呈碟形。果实球形，直径0.5—1厘米。种子椭圆形，基部有短喙。花期4—6月，果期8—11月。

　　中国产于甘肃、湖南、福建、台湾、广西、四川、贵州和云南。

　　叶形掌状、优美、奇特，色泽翠绿，可用于城市垂直绿化，亦可装饰篱笆或棚架。

鞍叶羊蹄甲 **Bauhinia brachycarpa**

豆科 Fabaceae   羊蹄甲属 *Bauhinia*

　　直立或攀援小灌木。小枝纤细，具棱。叶纸质或膜质，近圆形，先端2裂达中部，罅口狭，裂片先端圆钝，背面具松脂质"丁"字毛；叶柄纤细，具沟。伞房式总状花序；总花梗短，与花梗同被短柔毛；苞片线形，锥尖，早落；花蕾椭圆形；花托陀螺形；萼佛焰状，裂片2；花瓣白色，倒披针形，具羽状脉；能育雄蕊通常10枚，其中5枚较长；子房具短柄，柱头盾状。荚果长圆形，扁平，先端具短喙，成熟时开裂。种子卵形，褐色，有光泽。花期5—7月，果期8—10月。

　　中国产于贵州、四川、云南、甘肃和湖北。印度、缅甸和泰国也有分布。

　　可以采用丛植的形式应用在园林中，营造花团的景观效果。

茂兰保护区

- **分布：** 高望、板寨和必左。
- **生境：** 生于海拔460—780米的山地草坡和河溪旁灌丛中。

龙须藤 Bauhinia championii

豆科 Fabaceae　羊蹄甲属 *Bauhinia*

茂兰保护区

- **分布：** 洞多和高望等地。
- **生境：** 生于海拔600—800米的丘陵灌丛或山地疏林和密林中。

藤本，有卷须，嫩枝和花序薄被柔毛。叶纸质，卵形或心形，背面被柔毛，干时粉白褐色；叶柄纤细，略被毛。总状花序狭长，腋生，被灰褐色柔毛；苞片小；花蕾椭圆形；花直径约8毫米；花梗纤细；花托漏斗形；萼片披针形；花瓣白色，具瓣柄，瓣片匙形，外面中部疏被丝毛；能育雄蕊3；退化雄蕊2；子房具短柄，花柱短，柱头小。荚果倒卵状长圆形或带状，扁平，无毛，果瓣革质。种子2—5粒，圆形，扁平。花期6—10月，果期7—12月。

中国产于浙江、台湾、福建、广东、广西、江西、湖南、湖北和贵州。

可作高速公路护坡绿化和绿篱、棚架、假山等处攀缘、悬垂绿化材料。

云实 *Biancaea decapetala*

豆科 Fabaceae　　云实属 *Biancaea*

　　藤本，枝、叶轴和花序均具钩刺。二回羽状复叶，长20—30厘米；羽片3—10对，对生，具柄，基部有刺1对；小叶膜质，8—12对；托叶小且早落。顶生总状花序，直立，花数朵；总花梗具刺；花梗被毛，易脱落；萼片5，被短柔毛；花瓣黄色，膜质，圆形或倒卵形，盛开时反卷，具短柄；花丝基部扁平，被绵毛。荚果长圆状舌形，脆革质，栗褐色，有光泽，沿腹缝线膨胀成狭翅，先端具尖喙。种子6—9粒，种皮棕色。花果期4—10月。

　　中国产于广东、广西、云南、四川、贵州、湖南、湖北、江西、福建、浙江、江苏、安徽、河南、河北、陕西和甘肃。

　　可植于景石假山旁，用于烘托陪衬；或作田园、山庄的绿篱。

茂兰保护区

- **分布**：高望。
- **生境**：生于海拔约600米的山坡灌丛中及平原、丘陵、河旁等地。

任豆 *Zenia insignis*

豆科 Fabaceae　　任豆属 *Zenia*

茂兰保护区

▪ **分布：** 漏斗森林、石上森林和吉洞等地。

▪ **生境：** 生于海拔500—700米的山地密林或疏林中。

　　乔木，高15—20米。树皮粗糙，片状脱落。小枝黑褐色，散生黄白色小皮孔。小叶薄革质，全缘，下有灰白色糙伏毛；小叶柄长2—3毫米。圆锥花序顶生；花梗被黄棕色糙伏毛；花红色；苞片小，狭卵形，早落；萼片厚膜质，长圆形，稍不等大，内面无毛；花瓣稍长于萼片，最上面一片倒卵形，其他的椭圆状长圆形或倒卵状长圆形；雄蕊的花丝被微柔毛；子房通常有胚珠7—9颗。荚果长圆形，红棕色。种子圆形，平滑，有光泽，棕黑色；珠柄丝状。花期5月，果期6—8月。

　　中国产于广东、广西和贵州。越南也有分布。

　　树干高大挺拔，果实颜色鲜艳具有观赏价值，可作行道树。

尾叶远志 Polygala caudata

远志科 Polygalaceae   远志属 *Polygala*

灌木，高达3米。幼枝初被短柔毛，后无毛。单叶，近革质，大部分螺旋状紧密排列于小枝顶部，椭圆状披针形至条状披针形，长3—12厘米，宽1—3厘米，顶端尾状渐尖或细尖，基部楔形，全缘，略反卷，且波状；叶柄长5—10毫米。总状花序顶生或腋生，数个密集成伞房状花序或圆锥状花序，长2.5—5厘米，被短柔毛；花梗长约1.5毫米，基部具小苞片3枚；萼片5；花瓣3，白色、黄色或紫色；雄蕊8，花丝3/4以下连合成鞘，花药卵形；子房倒卵形。蒴果长圆状倒卵形，具杯状环，边缘具狭翅。种子广椭圆形，棕黑色，密被红褐色长毛。花期11月至翌年5月，果期5—12月。

中国产于湖北、广东、广西、四川、贵州和云南。

花朵别致，树形美观，可栽种在林缘供观赏。

茂兰保护区

- **分布：** 尧兰、莫干和吉洞。
- **生境：** 生于海拔700—800米的林下。

独山石楠 **Photinia tushanensis**

蔷薇科 Rosaceae 石楠属 *Photinia*

茂兰保护区

- **分布：** 洞庭。
- **生境：** 生于海拔约880米的山顶灌丛中。

灌木，高5米。小枝粗壮，灰褐色至灰黑色。叶片厚革质，长圆椭圆形，边缘稍外卷，全缘或波状，中脉粗壮，正面深陷，背面显著隆起；无或有短粗叶柄，长3—5毫米。顶生复伞房花序密集，直径9厘米；总花梗和花梗密生灰色绒毛；花梗长2毫米或近无梗；花直径5—6毫米；萼筒筒状，外面密生灰色绒毛；萼片卵形，先端钝，外有绒毛；花瓣倒卵形，基部具短爪；雄蕊20，较花瓣短；花柱2，离生，子房外有绒毛。花期7月。

中国产于贵州。

花、果具有一定的观赏价值，可独树成景。

火棘 *Pyracantha fortuneana*

蔷薇科 Rosaceae　　火棘属 *Pyracantha*

常绿灌木，高达3米。侧枝短，先端刺状，老枝暗褐色；芽小，被短柔毛。叶片倒卵形，基部楔形，下延连于叶柄，边缘有钝锯齿，齿尖向内弯，近基部全缘；叶柄短，无毛或嫩时有柔毛。复伞房花序；花梗长约1厘米；花直径约1厘米；萼筒钟状，无毛；萼片三角状卵形，先端钝；花瓣白色，近圆形；雄蕊20，花药黄色；花柱5，离生，与雄蕊等长，子房上部密生白色柔毛。果实近球形，径约5毫米，橘红色至深红色。花期3—5月，果期8—11月。

中国产于陕西、河南、江苏、浙江、福建、湖北、湖南、广西、贵州、云南、四川和西藏。

果实颜色鲜艳，是良好的观果植物，可制作盆景或者用于园林绿化。

茂兰保护区

- **分布：** 高望、板寨和吉洞等地。
- **生境：** 生于海拔500—800米的山地、丘陵的阳坡灌丛草地及河沟路旁。

软条七蔷薇 Rosa henryi

蔷薇科 Rosaceae　蔷薇属 *Rosa*

茂兰保护区

- **分布：** 吉洞。
- **生境：** 生于海拔450—640米的山谷、林边、田边或灌丛中。

　　灌木，高达5米，有长匍匐枝。小枝有短扁、弯曲皮刺或无刺。小叶通常5，长圆形至椭圆状卵形，先端长渐尖或尾尖，基部近圆形或宽楔形，有锐锯齿，小叶柄和叶轴具小皮刺；具托叶。花5—15朵，呈伞形伞房状花序；花梗和萼筒无毛或具腺毛；萼片披针形，有少数裂片，外面具腺点，内面有长柔毛；花瓣白色，宽倒卵形，先端微凹，基部宽楔形；花柱结合成柱，被柔毛，比雄蕊稍长。果近球形，成熟后褐红色，有光泽，果梗有稀疏腺点；萼片脱落。

　　中国产于陕西、河南、安徽、江苏、浙江、江西、福建、广东、广西、湖北、湖南、四川、云南和贵州。

　　花具有观赏价值，可栽植于庭园的围栏或墙垣旁，用于垂直绿化。

金樱子 Rosa laevigata

蔷薇科 Rosaceae　蔷薇属 *Rosa*

常绿攀援灌木，高可达5米。小枝粗壮，散生扁弯皮刺。小叶革质，通常3，连叶柄长5—10厘米，小叶片椭圆状卵形，边缘有锐锯齿，正面亮绿色，背面黄绿色，小叶柄和叶轴有皮刺和腺毛；托叶披针形，边缘有细齿。花单生叶腋，直径5—7厘米；花梗长1.8—2.5厘米，花梗和萼筒密被腺毛，随果实成长变为刺；萼片卵状披针形，先端叶状；花瓣白色，先端微凹；雄蕊多数；心皮多数，花柱离生。果梨形，紫褐色，外面密被刺毛，萼片宿存。花期4—6月，果期7—11月。

中国产于陕西、安徽、江西、江苏、浙江、湖北、湖南、广东、广西、台湾、福建、四川、云南和贵州。

花、果兼具观赏价值，可孤植修剪成灌木状供欣赏，也可攀缘上花架、墙垣、篱笆作垂直绿化材料。

茂兰保护区

- **分布：** 高望、板寨和洞多。
- **生境：** 喜生于海拔550—800米的向阳的山野、田边、溪畔灌木丛中。

佘山羊奶子 **Elaeagnus argyi**

胡颓子科 Elaeagnaceae 胡颓子属 *Elaeagnus*

茂兰保护区

▪ **分布：**尧兰。

▪ **生境：**生于海拔450—760米的林下、路旁、屋旁。

落叶或常绿直立灌木，高2—3米，通常具刺。小枝近90度角开展；芽棕红色。叶大小不等，发于春秋两季，薄纸质或膜质，春叶长1—4厘米，宽0.8—2厘米，秋叶长6—10厘米，宽3—5厘米，两端钝圆，正面幼时被白色鳞毛，背面幼时被星状毛和鳞毛，老时仅被白色鳞片。花淡黄色或泥黄色，质厚，被银白色和淡黄色鳞片，常5—7花簇生于新枝基部呈伞形总状花序；花梗纤细，长约3毫米；萼筒漏斗状圆筒形，在裂片下面扩大，在子房上收缩；雄蕊的花丝极短，花药椭圆形，长约1.2毫米；花柱直立，无毛。果实倒卵状矩圆形，成熟时红色；果梗纤细，长8—10毫米。花期1—3月，果期4—5月。

中国产于浙江、江苏、安徽、江西、湖北、湖南和贵州。

果实颜色鲜艳，可作庭园观赏树种。

勾儿茶 **Berchemia sinica**

鼠李科 Rhamnaceae　　勾儿茶属 *Berchemia*

　　藤状或攀援灌木，高达5米。叶纸质至厚纸质，互生或在短枝顶端簇生，卵状椭圆形或卵状矩圆形，长3—6厘米，宽1.6—3.5厘米，基部圆形或近心形，正面绿色，背面灰白色，仅脉腋被疏微毛；叶柄纤细，带红色。花芽卵球形；花黄色或淡绿色，单生或数个簇生，无或有短总花梗，在侧枝顶端排成具短分枝的窄聚伞状圆锥花序；花梗长约2毫米。核果圆柱形，具宿存花盘，成熟时紫红色或黑色。花期6—8月，果期翌年5—6月。

　　中国产于河南、山西、陕西、甘肃、四川、云南、贵州和湖北。

　　果实具有一定的观赏价值，可用于城市或庭园的篱栏绿化。

茂兰保护区

- **分布：**洞塘、莫干、尧兰和必达。
- **生境：**生于海拔550—750米的山坡、沟谷灌丛或杂木林中。

北枳椇 *Hovenia dulcis*

鼠李科 Rhamnaceae　　枳椇属 *Hovenia*

茂兰保护区

- **分布：**常见。
- **生境：**生于海拔450—1000米的次生林。

高大乔木，稀灌木，高达10余米。小枝褐色或黑紫色。叶纸质，卵圆形，长7—17厘米，宽4—11厘米，边缘有不整齐的锯齿或粗锯齿；叶柄长2—4.5厘米，无毛。花黄绿色，直径6—8毫米；花序轴和花梗均无毛；萼片卵状三角形，长2.2—2.5毫米，宽1.6—2毫米；花瓣倒卵状匙形，向下渐狭成爪部；子房球形，花柱3浅裂，长2—2.2毫米，无毛。浆果状核果近球形，直径6.5—7.5毫米，成熟时黑色；花序轴结果时稍膨大。种子深栗色，直径5—5.5毫米。花期5—7月，果期8—10月。

中国产于河北、山东、山西、河南、陕西、甘肃、四川、湖北、安徽、江苏、江西和贵州。

株形优美，具有极高的观赏价值，可作园林绿化树种。

马甲子 *Paliurus ramosissimus*

鼠李科 Rhamnaceae　　马甲子属 *Paliurus*

　　灌木，高达6米。小枝褐色或深褐色，被短柔毛或近无毛。叶互生，纸质，宽卵状椭圆形或近圆形，长3—5.5（7）厘米，宽2.2—5厘米，顶端钝，基部宽楔形，边缘具锯齿或近全缘，幼时两面被毛；叶柄长5—9毫米，被毛，基部具刺。腋生聚伞花序，被黄色绒毛；萼片宽卵形；花瓣匙形；雄蕊与花瓣近等长；花盘圆形，边缘5或10齿裂；子房3室，花柱3深裂。核果杯状，被黄褐色绒毛，具3浅裂窄翅；果梗被棕褐色绒毛。种子紫红色或红褐色，扁圆形。花期5—8月，果期9—10月。

　　中国产于江苏、浙江、安徽、江西、湖南、湖北、福建、台湾、广东、广西、云南、贵州和四川。

　　果实形状奇特，具有一定的观赏价值；可作篱笆围果园，能防风、防盗贼、防牲畜入内。

茂兰保护区

- **分布：** 甲乙。
- **生境：** 生于海拔450—600米的山地和平原。

苞叶木 **Rhamnella rubrinervis**

鼠李科 Rhamnaceae 猫乳属 *Rhamnella*

茂兰保护区

- **分布：** 常见。
- **生境：** 生于海拔850米以下的山地林中或灌丛中。

常绿灌木或小乔木。幼枝被短柔毛，小枝红褐色或灰褐色。叶互生，革质或薄革质，矩圆形，长6—13厘米，宽2—5厘米，边缘有极不明显的疏锯齿，叶柄长4—10毫米；托叶披针形。花数朵至10余朵排成腋生聚伞花序，近无梗；苞叶与营养枝上的叶片相同，但较小；花两性，5基数；萼片三角形，内面中肋凸起，中部以下有小喙；花瓣倒卵圆形；雄蕊为花瓣抱持；花盘稍厚，圆形；子房球形2室，每室具1颗胚珠，花柱2浅裂。果梗长4—5毫米，1室具1粒种子。花期7—9月，果期8—11月。

中国产于广东、广西、贵州和云南。

果实具有一定的观赏价值，可作庭园观赏树种。

壶托榕 **Ficus ischnopoda**

桑科 Moraceae　　榕属 *Ficus*

　　灌木状小乔木。叶近枝顶集生，厚纸质，椭圆状披针形或倒披针形，长4—13厘米，全缘，先端渐尖，基部楔形，背面干后淡褐色，两面无毛；叶柄长5—8毫米；托叶线状披针。雌雄异株；雄花生于榕果内壁近口部，具梗，苞片1，花被片3—4，倒跃针形，雄蕊2；瘿花近无梗，花被片4，花柱短，侧生，柱头2浅裂；雌花具梗，花被片3—4。榕果单生于叶腋，稀成对腋生，或生于落叶枝上，圆锥形或纺锤形，具纵棱和短柄，总柄长1—4厘米。花果期5—8月。

　　中国产于贵州、广西和云南。

　　枝繁叶茂，叶色翠绿，可独树成景，也可作为园林绿化树种。

茂兰保护区

- **分布：** 小七孔。
- **生境：** 生于海拔450—720米的河岸。

薜荔 *Ficus pumila*

桑科 Moraceae　　榕属 *Ficus*

茂兰保护区

▪ **分布:** 吉腊和小七孔。
▪ **生境:** 生于海拔约660米的丘
陵地区。

攀援或匍匐灌木。叶二型，不结果枝节上生不定根，叶卵状心形，薄革质；结果枝上无不定根，革质，卵状椭圆形；叶柄长5—10毫米；托叶2，披针形，被黄褐色丝状毛。榕果单生叶腋，雌花果近球形，长4—8厘米，直径3—5厘米，顶部截平，基生苞片宿存，三角状卵形，密被长柔毛；总梗粗短；雄花生榕果内壁口部，多数，花被片2—3，线形，雄蕊2，花丝短；瘿花具柄，花被片3—4，线形；雌花生另一植株果内壁，花柄长，花被片4—5。瘦果近球形，有黏液。花果期5—8月。

中国产于福建、江西、浙江、安徽、江苏、台湾、湖南、广东、广西、贵州、云南、四川和陕西。琉球群岛、越南也有分布。

四季常青，是优良的观叶植物，园林上可用于装点假山或墙壁。

竹叶榕 Ficus stenophylla

桑科 Moraceae 榕属 *Ficus*

小灌木，高1—3米。小枝散生灰白色硬毛，节间短。叶纸质，线状披针形，长5—13厘米，先端渐尖，全缘背卷；叶柄长3—7毫米；托叶披针形，红色。榕果椭圆状球形，表面稍被柔毛，直径7—8毫米，成熟时深红色，基生苞片三角形；总梗长20—40毫米；雄花和瘿花同生于雄株榕果中，雄花生内壁口部，有短柄，花被片3—4，卵状披针形，红色，雄蕊2—3，花丝短；瘿花具柄，花被片3—4，倒披针形内弯，子房球形，花柱短；雌花生于另一植株榕果中，近无柄，花被片4，线形。花果期5—7月。

中国产于福建、台湾、浙江、湖南、湖北、广东、海南、广西和贵州。

适于作公园绿化树种，也可用于庭园盆栽。

茂兰保护区

▪ **分布：**高望和董港。

▪ **生境：**生于溪旁潮湿处。

构棘 Maclura cochinchinensis

桑科 Moraceae 橙桑属 *Maclura*

茂兰保护区

- **分布：** 莫干和板寨等地。
- **生境：** 多生于村庄附近或荒野。

直立或攀援状灌木。枝具腋生刺。叶革质，椭圆状披针形或长圆形，长3—8厘米，宽2—2.5厘米，全缘，先端钝或短渐尖，基部楔形，两面无毛；叶柄长约1厘米。花雌雄异株，雌雄花序均为具苞片的球形头状花序；每花具2—4个苞片；苞片锥形，内面具2个黄色腺体；雄花序直径6—10毫米，花被片4，不相等，雄蕊4，退化雌蕊锥形或盾形；雌花序微被毛，花被片顶部厚，分离或下部合生，基有2个黄色腺体。聚合果肉质，表面微被毛，成熟时橙红色，核果卵圆形，成熟时褐色，光滑。花期4—5月，果期6—7月。

中国产于安徽、福建、广东、广西、贵州、海南、湖北、湖南、江西、四川、台湾、西藏、云南和浙江。不丹、印度、中南半岛、日本、马来西亚、尼泊尔、菲律宾、斯里兰卡、澳大利亚和太平洋群岛均有分布。

株形优美，叶色翠绿，适于作公园绿化树种，也可用于庭园盆栽。

柘 **Maclura tricuspidata**

桑科 Moraceae　橙桑属 *Maclura*

　　落叶灌木或小乔木。小枝有棘刺。叶卵形或菱状卵形，长5—14厘米，宽3—6厘米，先端渐尖，基部楔形至圆形；叶柄长1—2厘米，被微柔毛。雌雄异株，雌雄花序均为球形头状花序，单生或腋生；雄花花序直径约0.5厘米，苞片2，花被片4，肉质，内面具2个腺体，雄蕊4，退化雌蕊锥形；雌花花序直径1—1.5厘米，花被片4，先端盾形，内卷，内面下部具2个腺体。聚花果近球形，肉质，成熟时橘红色。花期5—6月，果期6—7月。

　　中国产于安徽、福建、甘肃、广东、广西、贵州、河北、河南、湖北、湖南、江苏、江西、陕西、山东、山西、四川、云南和浙江。朝鲜也有分布。

　　适合作园景树。

茂兰保护区

- **分布：** 常见。
- **生境：** 生于海拔500—600米阳光充足的山地或林缘。

水麻 Debregeasia orientalis

荨麻科 Urticaceae　　水麻属 Debregeasia

茂兰保护区

- **分布：** 高望和翁昂。
- **生境：** 生于海拔450—720米的溪谷河流两岸潮湿处。

　　灌木，高达4米。小枝初被贴生短柔毛，后渐无毛。叶片长圆状狭披针形或条状披针形，长5—18（—25）厘米，纸质或薄纸质，基部圆或宽楔形，边缘具齿，上面常泡状隆起，被短糙毛，钟乳体点状，背面被白色或灰绿色毡毛；叶柄长达1厘米，被贴生柔毛；具披针形托叶。花雌雄异株，稀同株，花梗短或无梗，花簇生；雄花花被片4，下部合生，裂片三角状卵形，疏生微柔毛；雌花花被薄膜质紧贴于子房，顶端具4齿。瘦果倒卵圆形，鲜时橙黄色，宿存花被肉质贴生于果实。花期3—4月，果期5—7月。

　　中国产于西藏、云南、广西、贵州、四川、甘肃、陕西、湖北、湖南和台湾。日本也有分布。

　　果实色泽鲜艳，具有一定的观赏价值，可作为公园绿化树种，也庭园盆栽。

条叶楼梯草 Elatostema sublineare

荨麻科 Urticaceae　　楼梯草属 *Elatostema*

多年生草本。茎高达25厘米，具鳞片。叶无柄；叶草质，斜条状倒披针形，长6—10.5厘米，宽1.2—2.2厘米，先端长渐尖或渐尖，基部在狭侧钝，宽侧心形，边缘具小牙齿，两面均被毛，茎中下部叶较小；具托叶。花序雌雄异株或同株，单生叶腋。雄花序有稍长梗，花多数；花序梗长约10毫米，被柔毛；苞片6。雄花花被片（4—）5，椭圆形，基部合生，外面顶端下具短突起，被长柔毛；雄蕊（4—）5；退化雌蕊不存在。雌花序有短梗或近无梗，花多数；花序梗长约3毫米；花序托近长方形，边缘有多数苞片。雌花有短梗；花被不明显；子房卵形。瘦果椭圆状卵球形。花期3—5月。

中国产于广西、贵州、湖南、湖北和四川。越南北部也有分布。

可在城市绿化中种植在墙角、林下等阴湿环境，用作地被植物。

茂兰保护区

- **分布**：常见。
- **生境**：生于海拔450—850米的山谷沟边阴处石上或林下。

广西紫麻 Oreocnide kwangsiensis

荨麻科 Urticaceae　　紫麻属 *Oreocnide*

茂兰保护区

- **分布：** 常见。
- **生境：** 散生于海拔约800米的林中。

　　灌木，高达1.5米，除叶柄、托叶背面和花序疏被极细的微糙毛外，其余无毛。小枝多曲折，黑色微带光泽，皮孔小。叶坚纸质，狭椭圆形，边缘全缘；叶柄长0.5—2厘米；托叶披针形。雌花序生叶腋，常三回二歧分枝，团伞花簇常由3—5朵花组成。雄花无梗；花被片3；裂片卵形；雄蕊3；退化雌蕊棒状。雌花圆锥状，基部膨大，上部渐狭。果干时变黑色，核果状，圆锥形，内果皮骨质，从底面观为四瓣梅花形；肉质花托壳斗状，肥厚，围在果的中下部。花期10月至翌年3月，果期5—10月。

　　中国产于广西和贵州。

　　叶色翠绿，可作为公园绿化树种，也可用于庭园盆栽。

赤车 Pellionia radicans

荨麻科 Urticaceae　　赤车属 Pellionia

　　多年生草本。茎肉质，下部卧地，节处生根，上部渐升，长达60厘米，无毛或稀生微柔毛。叶狭卵形或狭长椭圆形，长2.4—5厘米，宽0.9—2厘米，顶端渐尖，基部窄侧钝，宽侧耳形，边缘具齿，两面无毛或近无毛，钟乳体生于叶表面；叶柄长1—4毫米；托叶钻形。雌雄异株。雄花序分枝稀疏；花序梗长达3.5厘米；雄花花被片5，倒卵形顶端具角状突起；雄蕊5。雌花序无柄或具短柄，近球形，具多数密集的花。花期5—10月。

　　中国产于安徽、浙江、福建、台湾、江西、湖北、湖南、广东、海南、广西、云南、贵州和四川。日本也有分布。

　　株形优美，可在园林绿化中作为耐阴湿的地被植物。

茂兰保护区

- 分布：尧兰。
- 生境：生于海拔450—700米的山谷林下、灌丛中或沟边。

基心叶冷水花 Pilea basicordata

荨麻科 Urticaceae   冷水花属 *Pilea*

茂兰保护区

- **分布：** 常见。
- **生境：** 生于海拔850米左右的林下岩石上。

矮小灌木或亚灌木，无毛。茎直立，叶痕明显，半圆形，不分枝。叶肉质，生于茎的上部，长圆状卵形；叶柄粗，密布钟乳体；托叶大，干膜质，长圆形，有纵肋数条。雌雄同株；花序单生于茎上部叶腋，聚伞圆锥状，疏松；苞片三角状卵形，长约0.8毫米。雄花梨形；花被片4，合生至中部，卵形；雄蕊4；退化雌蕊小，圆锥状，周围疏生绵毛。雌花具短梗；花被片4，卵状长圆形；退化雄蕊小，果时增长；子房长圆形。瘦果长圆状卵形，凸透镜状。花期3—4月，果期4—5月。

中国产于广西和贵州。

叶形优美，色泽翠绿，可作为观叶植物室内盆栽，也可当作地被植物植于公园林下阴湿环境。

杨梅 **Morella rubra**

杨梅科 Myricaceae 杨梅属 *Morella*

　　常绿乔木。叶革质，楔状倒卵形或长椭圆状倒卵形，长6—16厘米，先端圆钝或短尖，基部楔形，全缘，稀中上部疏生锐齿，背面疏被金黄色腺鳞。花雌雄异株。雄花序单独或数条丛生于叶腋，圆柱状，通常不分枝呈单穗状；雄花具2—4枚卵形小苞片及4—6枚雄蕊。雌花序常单生于叶腋，较雄花序短而细瘦；每一雌花序仅上端1朵雌花能发育成果实。核果球状，外表面具乳头状凸起，径1—1.5厘米，外果皮肉质，多汁液及树脂，味酸甜，成熟时深红色。4月开花，6—7月果实成熟。

　　中国产于江苏、浙江、台湾、福建、江西、湖南、贵州、四川、云南、广西和广东。日本、朝鲜和菲律宾也有分布。

　　可作为观赏果树在园林中应用，用来点缀景色。

茂兰保护区

- **分布：** 板寨、小七孔、永康和立化。
- **生境：** 生于海拔450—800米的山坡或山谷林中。

黄杞 Engelhardia roxburghiana

胡桃科 Juglandaceae　　黄杞属 *Engelhardia*

茂兰保护区

- **分布：** 平寨、甲良、高望和四两寨。
- **生境：** 生于海拔450—1000米的林中。

小乔木，高达10（—18）米，全株无毛。偶数羽状复叶，长8—16厘米；叶柄长1.5—4厘米，具小叶1—2对；小叶椭圆形或长椭圆形，长5—13厘米，全缘，先端短渐尖或骤尖，基部歪斜，圆或宽楔形；小叶柄长0.5—1厘米。花序顶生。果序长7—12厘米，果序柄长3—4厘米；果球形。花期7月，果期9—10月。

中国产于福建、广东、广西、贵州、海南、湖北、湖南、江西、四川、台湾、云南和浙江。

花、果均具有极高的观赏价值，为具有园林应用潜力的野生植物。

马尾树 Rhoiptelea chiliantha

胡桃科 Juglandaceae　　马尾树属 *Rhoiptelea*

　　落叶乔木，高达20米。奇数羽状复叶具（3—4）6—8对小叶，长15—20厘米；叶柄长3—4厘米；小叶互生，无柄，顶生小叶披针形，基部楔形，侧生小叶长椭圆状披针形，基部近圆或圆楔形，叶轴下端小叶常斜椭圆状卵形，基部近心形，具短尖锯齿；托叶早落。花序分枝长15—30厘米；花序梗长1.5—2.5厘米。小坚果倒梨形，具翅，顶端具宿存柱头及弯缺，疏被灰褐色腺体，熟时淡黄褐色，中果皮木质，褐色，具疣状凸起，内果皮白色。种子近肉质，卵圆形。花期10—12月，果期翌年7—8月。

　　中国产于贵州、云南和广西。越南也有分布。

　　树形高大挺拔，花序优美，枝繁叶茂，具有极高的观赏价值，可作为行道树或园林绿化树种。

茂兰保护区

- **分布：**平寨。
- **生境：**生于海拔500—700米的山坡、山谷及溪边的林中。

雷公鹅耳枥 **Carpinus viminea**

桦木科 Betulaceae   鹅耳枥属 *Carpinus*

茂兰保护区

▪ **分布：** 小七孔。

▪ **生境：** 生于海拔700—800米的山坡杂木林中。

乔木。小枝密生皮孔。叶厚纸质，椭圆形至卵状披针形，长6—11厘米，宽3—5厘米，先端渐尖，基部圆楔形，边缘具重锯齿，背面沿脉疏被长柔毛；叶柄长（10—）15—30毫米，偶有稀疏长柔毛。果序长5—15厘米，下垂；序梗疏被短柔毛；序轴纤细，长1.5—4厘米，无毛。果苞长1.5—3厘米，内外侧基部均具裂片，近无毛，中裂片半卵状披针形，内侧边缘全缘，外侧边缘具粗齿；小坚果宽卵圆形，长3—4毫米，无毛或疏生小树脂腺体与细柔毛，具少数细肋。

中国产于西藏、云南、贵州、四川、湖北、湖南、广西、江西、福建、浙江、江苏和安徽。

树形优美，可作为美化庭园的木本观叶植物。

马桑 Coriaria nepalensis

马桑科 Coriariaceae　　马桑属 *Coriaria*

　　灌木，高1.5—2.5米。分枝水平开展；芽鳞膜质卵形。叶对生，纸质，椭圆形，先端急尖，全缘；叶柄短，紫色，基部具垫状突起物。总状花序生于二年生的枝条上。雄花序先叶开放；苞片和小苞片卵圆形，上部边缘具流苏状细齿；萼片卵形，边缘半透明，上部具流苏状细齿；花瓣极小，卵形；雄蕊10，花丝线形；不育雌蕊存在。雌花序与叶同出；萼片与雄花同；花瓣肉质，较小，龙骨状；雄蕊较短，心皮5，耳形。果球形，成熟时由红色变紫黑色，径4—6毫米。种子卵状长圆形。

　　中国产于广西、云南、贵州、四川、湖北、陕西、甘肃和西藏。印度、尼泊尔也有分布。

　　株形优美，叶色翠绿，叶和果实均具有极高的观赏性，是良好的园林绿化灌木。

茂兰保护区

- **分布：** 高望。
- **生境：** 生于海拔450—600米的灌丛中。

凹萼木鳖 Momordica subangulata

葫芦科 Cucurbitaceae　　苦瓜属 Momordica

茂兰保护区

- **分布：**常见。
- **生境：**常生于海拔约800米的山坡、路旁荫处。

纤细攀援草本。茎、枝有纵向沟纹。叶柄细弱，长3—7厘米；叶片膜质、心形，长6—13厘米，宽4—9厘米，边缘有小齿，基部心形。卷须丝状，不分歧。雌雄异株。雄花单生于叶腋；花梗纤细；苞片长、宽均约为1厘米；花萼筒极短；花冠黄色，裂片倒卵形；雄蕊5，花丝纤细。雌花单生于叶腋；花梗纤细。果梗细弱，长4—5厘米；果实基部和顶端渐狭，外面密被柔软的长刺。种子灰色，卵圆形或圆球形，两面稍有刻纹。花期6—8月，果期8—10月。

中国产于云南、贵州、广东和广西。缅甸、老挝、越南、马来西亚和印度尼西亚也有分布。

是良好的观花、观果藤本植物，可作庭园棚架、篱笆等的装饰。

靖西秋海棠 Begonia jingxiensis

秋海棠科 Begoniaceae　　秋海棠属 *Begonia*

草本。根状茎匍匐。叶基生，近圆形，正面深绿色，具白色浅马蹄形斑点，背面脉上具柔毛，基部心形，边缘具齿和缘毛。花序腋生，有花3—40朵；苞片长圆形至椭圆形，边缘具缘毛；雄花花被片2—4，近圆形至宽卵形，雄蕊18—30，花药长圆形至倒卵形；雌花花被片2，近圆形至扁球形。蒴果具节，卵球形。花期6—12月，果期8—12月。

中国产于贵州和广西。

具有较高的园艺价值；是良好的观花、观叶植物，可室内盆栽供观赏或用作雨林缸的装饰。

茂兰保护区

- **分布：** 板寨。
- **生境：** 生于海拔450—600米的林下。

盾叶秋海棠 Begonia peltatifolia

秋海棠科 Begoniaceae 秋海棠属 *Begonia*

茂兰保护区

▪ **分布：**吉洞和翁昂。
▪ **生境：**生于瘠土石上。

　　多年生草本。根状茎伸长，圆柱状，扭曲，表面不平整，节密。叶盾形，均基生，具长柄；叶片厚纸质，长10—11厘米，宽7.5—8.5厘米，基部圆，略不等；叶柄长10—18厘米，有纵棱，无毛。花葶高可达20厘米，有纵棱；二岐聚伞花序，首次分枝长1.3—1.8厘米；苞片早落；雄花花被片4，外2枚大，内2枚小，雄蕊多数，离生，整体呈球状；雌花近无毛，花被片2，近圆形，子房倒卵形3室，每室胎座具2裂片，具不等3翅，花柱3，离生，柱头2裂。蒴果下垂，轮廓倒卵球形。种子极多数，淡褐色。花期6—7月，果期7月开始。

　　中国产于贵州和海南。

　　可作为林下阴湿地被和花坛、花境材料，花和叶都具有较高的观赏价值。

黄海棠 Hypericum ascyron

金丝桃科 Hypericaceae   金丝桃属 *Hypericum*

　　多年生草本。茎直立。叶披针形至椭圆形，长2—10厘米，宽0.4—3.5厘米，基部楔形或心形，背面疏被腺点；无柄。顶生近伞房状或窄圆锥状花序，具1—35花；花蕾卵珠形；花梗长0.5—3厘米；萼片结果时直立；花瓣弯曲，宿存。蒴果卵球形或卵球状三角形，长0.9—2.2厘米，深褐色。种子黄褐色，圆柱形，长1—1.5毫米。花期7—8月，果期8—9月。

　　中国除新疆和青海外，其余省份均产。

　　花朵颜色金黄，极具观赏价值。

茂兰保护区

- **分布：** 甲良、洞庭和石上森林。
- **生境：** 生于海拔750米左右的山坡林下、林缘、灌丛间、草丛或草甸中、溪旁及河岸湿地等处。

扬子小连翘 Hypericum faberi

金丝桃科 Hypericaceae 金丝桃属 *Hypericum*

茂兰保护区

- **分布：**常见。
- **生境：**生于海拔600—1000米的山坡草地、灌丛中或沟边。

多年生草本。茎高达38厘米，下部常卧地并生根，自下部起分枝，圆柱形。叶片狭椭圆形、狭倒卵形或倒卵状狭长圆形，长1—2.5厘米，宽4—10毫米，顶端钝或圆形，基部变狭，背面沿边缘有黑色腺点；无柄或近无柄。聚伞花序生分枝和茎顶端，有少数花；萼片5，边缘具黑色腺点，背面有黑色条纹；花瓣5，黄色，长椭圆形，上部边缘有黑腺点；雄蕊长达5毫米；花柱3。蒴果卵球形。花期7—9月。

中国产于云南、贵州、湖南、湖北、四川和陕西。

花朵具有观赏价值，在园林绿化和景观设计中，可以点缀假山等。

金丝桃 Hypericum monogynum

金丝桃科 Hypericaceae   金丝桃属 *Hypericum*

灌木，高0.5—1.3米，丛状或通常有疏生的开张枝条。茎红色；皮层橙褐色。叶对生，无柄或具短柄；叶片长2—11.2厘米，宽1—4.1厘米。花序具1—15花，自茎端第1节生出，疏松的近伞房状；花梗长0.8—2.8厘米；苞片小，线状披针形，早落；花直径3—6.5厘米，星状；花蕾卵珠形；花瓣金黄色至柠檬黄色，开张，三角状倒卵形，边缘全缘；雄蕊5束，每束有雄蕊25—35枚，花药黄色至暗橙色；子房卵珠形或卵珠状圆锥形至近球形。蒴果长6—10毫米，宽4—7毫米。花期5—8月，果期8—9月。

中国产于贵州、河北、陕西、山东、江苏、安徽、浙江、江西、福建、台湾、河南、湖北、湖南、广东、广西和四川等。

花朵金黄色，可种植在道路分车带或公路两旁，用于道路绿化。

茂兰保护区

- **分布：** 必达和瑶寨。
- **生境：** 生于海拔500—760米的山坡、路旁或灌丛中。

柔毛堇菜 Viola fargesii

堇菜科 Violaceae　堇菜属 *Viola*

茂兰保护区

- **分布：** 洞多和莫干。
- **生境：** 生于山地林下、林缘、草地、溪谷、沟边及路旁等处。

多年生草本，全株被白色柔毛。根状茎粗壮。匍匐枝被柔毛。叶近基生或互生于匍匐枝上，宽卵形，有时近圆形，长2—6厘米，宽2—4.5厘米，顶端圆，稀具短尖，基部宽心形，边缘具浅钝齿，背面沿叶脉密被毛；叶柄密被长柔毛，长5—13厘米；具褐色或带绿色离生托叶，边缘具齿。花白色；花梗密被白色柔毛，中部以上具2枚小苞片；萼片狭卵状披针形或披针形，边缘及外面有柔毛；花瓣长圆状倒卵形，侧方2枚花瓣里面基部稍有须毛；距短而粗，呈囊状；雄蕊具角状距，2枚；子房圆锥状，无毛，花柱棍棒状。蒴果长圆形。花期3—6月，果期6—9月。

中国产于江苏、安徽、浙江、江西、福建、湖北、湖南、广东、广西、四川、贵州、云南和西藏。

花朵白色，可植于花坛边缘或草坪中，用作地被植物供观赏。

杯叶西番莲 Passiflora cupiformis

西番莲科 Passifloraceae　西番莲属 *Passiflora*

藤本，长达6米。叶坚纸质，先端截形至2裂，基部圆形至心形，裂片长达3—8厘米，先端圆形或近钝尖；叶柄被疏毛。花序近无梗，有5至多朵花；花梗长2—3厘米；花白色；萼片5，被毛；外副花冠裂片2轮，丝状，外轮长8—9毫米，内轮长2—3毫米，内副花冠褶状，高约1.5毫米；具花盘；雌雄蕊柄长3—5毫米；雄蕊5，花丝分离，花药长圆形；子房近卵球形，无柄；花柱3，分离，长约4毫米。浆果球形，熟时紫色，无毛。种子多数，扁平，深棕色。花期4月，果期9月。

中国产于贵州、湖北、广东、广西、四川和云南。越南也有分布。

花精巧而美丽，是良好的园林绿化藤本，可用于棚架、花廊布置。

茂兰保护区

- **分布：**翁昂。
- **生境：**生于海拔700米左右的山坡、路边草丛和沟谷灌丛中。

山桂花 Bennettiodendron leprosipes

杨柳科 Salicaceae　山桂花属 *Bennettiodendron*

茂兰保护区

- **分布：**常见。
- **生境：**生于海拔约500米的山坡和山谷混交林或灌丛中。

常绿小乔木，树皮有臭味。叶近革质，倒卵状长圆形，长6—20厘米，宽4—13厘米，顶端短渐尖，基部渐狭，边缘具粗齿或腺齿；叶柄长2—4厘米。顶生圆锥花序，具黄棕色毛；花浅灰色或黄绿色，芳香；苞片小，锥状或披针形，早落；萼片卵形，具缘毛；雄花雄蕊多数，基部具腺体，花丝被柔毛；雌花具多数退化雄蕊，子房分成不完全3室，有3侧膜胎座，花柱3，柱头长圆形。浆果球形，成熟后无宿存花柱。种子1—2粒，倒卵形。花期2—6月，果期4—11月。

中国产于海南、广东、广西、贵州、湖南、江西和云南。印度、缅甸、马来西亚、泰国、印度尼西亚也有分布。

花色清新，花朵芳香，果实红色，可作为公路绿化植物或庭园观赏树种。

栀子皮 *Itoa orientalis*

杨柳科 Salicaceae　　栀子皮属 *Itoa*

　　乔木，皮孔明显。叶互生或近对生，薄革质，椭圆形或长圆形，长13—40厘米，边缘有粗齿，背面被黄色柔毛；叶柄长3—6厘米，被柔毛。雄花序为直立圆锥花序，长达15厘米；萼片3—4，基部常合生，长1—1.2厘米，被毛；花单性，雌雄异株，稀杂性；花瓣缺；萼片4；顶生圆锥花序，有柔毛；雄蕊多数，花丝短，花药2室；雌花单生，顶生或腋生，子房上位。蒴果，椭圆形，长达9厘米，初被黄色毛，后渐脱落。种子多数，具膜质翅。花期4—6月，果期9—11月。

　　中国产于四川、云南、贵州和广西。越南也有分布。

　　果大，可作观赏植物。

茂兰保护区

- **分布：**立化。
- **生境：**生于海拔450—600米的阔叶林中。

毛桐 **Mallotus barbatus**

大戟科 Euphorbiaceae 野桐属 *Mallotus*

茂兰保护区

▪ **分布：** 高望和小七孔。

▪ **生境：** 生于海拔约700米的山坡、路旁、疏林中。

小乔木，高3—4米。嫩枝、叶柄、叶片背面和花序均被星状毛。叶互生，卵状三角形至菱形；叶柄盾状着生。花雌雄异株，总状花序顶生。雄花序长11—36厘米，下部常多分枝；苞片线形，苞腋具雄花4—6朵；雄花花梗长约4毫米；花萼裂片4—5，卵形。雌花序长10—25厘米；苞片线形，苞腋有雌花1朵；雌花花梗长约2.5毫米；花萼裂片3—5，卵形；花柱3—5，基部稍合生。蒴果排列稀疏，球形，密被星毛和长约6毫米的软刺。种子卵形，黑色，光滑。花期4—5月，果期9—10月。

中国产于云南、四川、贵州、湖南、广东和广西。亚洲东部和南部各国也有分布。

对土壤要求不严，可作公路绿化植物。

粗糠柴 **Mallotus philippensis**

大戟科 Euphorbiaceae　　野桐属 *Mallotus*

　　小乔木或灌木，高达18米。叶互生或有时小枝顶部的对生，近革质，卵形至卵状披针形，长5—18厘米，宽3—6厘米，顶端渐尖，基部圆形或楔形，边近全缘，正面无毛，背面被灰黄色星状短绒毛，叶脉上具长柔毛，散生红色颗粒状腺体；叶柄被星状毛。花雌雄异株，花序总状，顶生或腋生，单生或数个簇生；雄花1—5朵簇生于苞腋，苞片卵形。蒴果扁球形。种子卵形或球形，黑色，具光泽。花期4—5月，果期5—8月。

　　中国产于四川、云南、贵州、湖北、江西、安徽、江苏、浙江、福建、台湾、湖南、广东、广西和海南。亚洲南部和东南部、大洋洲热带地区也有分布。

　　叶色翠绿，果实鲜红，可作园林绿化植物。

茂兰保护区

- **分布：** 螃蟹沟、必达和翁昂。
- **生境：** 生于海拔450—700米的山地林中或林缘。

杠香藤 Mallotus repandus var. chrysocarpus

大戟科 Euphorbiaceae 野桐属 *Mallotus*

茂兰保护区

- **分布：** 翁昂。
- **生境：** 生于海拔450—600米的山地疏林中或林缘。

攀援状灌木。叶互生，卵形或椭圆状卵形，纸质或膜质，顶端急尖或渐尖，基部楔形或圆形，边全缘或波状。花雌雄异株，总状花序或下部有分枝；雄花序顶生，稀腋生，花萼裂片3—4，卵状长圆形，雄蕊40—75；雌花序顶生，长5—10厘米，花序梗粗壮，花萼裂片5，卵状披针形，花柱3。蒴果具3个分果爿。种子卵形，黑色，有光泽。花期4—6月，果期8—11月。

中国产于陕西、甘肃、四川、贵州、湖北、湖南、江西、安徽、江苏、浙江、福建、广东和广西。

株形优美，叶色翠绿，可作园林绿化植物。

圆叶乌桕 **Triadica rotundifolia**

大戟科 Euphorbiaceae   乌桕属 *Triadica*

灌木或乔木，全部无毛。小枝粗壮而节间甚短。叶互生，近革质，近圆形，长5—11厘米，宽6—12厘米，全缘，正面绿色，背面苍白色，网脉明显；叶柄纤细，顶端具2个腺体；托叶腺体状。花单性，雌雄同株，密集成顶生的总状花序，雌花生于花序轴下部，雄花生于花序轴上部或有时整个花序全为雄花。蒴果近球形，直径约1.5厘米；分果爿木质。种子久悬于中轴上，扁球形，直径约5毫米，顶端具一雅致的小凸点，腹面具1纵棱，外面薄被蜡质的假种皮。花期4—6月。

中国产于云南、贵州、广西、广东和湖南。越南也有分布。

树形美观，叶色秋季变化多样，可作园林观赏树种。

茂兰保护区

- **分布：** 高望、板寨和翁昂等地。
- **生境：** 喜生于海拔720—880米阳光充足的山地。

油桐 **Vernicia fordii**

大戟科 Euphorbiaceae　　油桐属 *Vernicia*

茂兰保护区

- **分布:** 久尾和莫干。
- **生境:** 通常生于海拔450—700米的林中。

落叶乔木。叶卵圆形，长8—18厘米，顶端短尖，基部平截或浅心形，全缘或1—3浅裂，老枝无毛；叶柄与叶片近等长，顶端具腺体。花雌雄同株，先叶或与叶同放；萼2（3）裂，被褐色微毛；花瓣白色，具淡红色脉纹，倒卵形，长2—3厘米；雄花雄蕊8—12，外轮离生，内轮花丝中部以下合生；雌花子房被柔毛，3—5（—8）室。核果近球形，直径4—6（—8）厘米，果皮平滑。种子3—4（—8）粒。花期4—5月，果期10月。

中国产于陕西、河南、江苏、安徽、浙江、江西、福建、湖南、湖北、广东、海南、广西、四川、贵州、云南等。

花期较长，花色鲜艳，可用于园林绿化供观赏。

青篱柴 *Tirpitzia sinensis*

亚麻科 Linaceae　青篱柴属 *Tirpitzia*

灌木或小乔木，高达5米。树皮具皮孔。叶纸质或厚纸质，椭圆形至卵形，长3—8.5厘米，宽2.8—4.5厘米，顶端钝，具小突尖或微凹，基部宽楔形；叶柄长7—16毫米。腋生聚伞花序，长约4厘米；苞片小，宽卵形；花梗长2—3毫米；萼片5，披针形；花瓣5，白色，爪细，旋转排列成管状，瓣片阔倒卵形；雄蕊5；退化雄蕊5；子房4室，每室有胚珠2颗；花柱4，柱头头状。蒴果长椭圆形或卵形。种子具膜质翅，翅倒披针形。花期5—8月，果期8—12月或至翌年3月。

中国产于湖北、广西、贵州和云南。越南也有分布。

花洁白而美丽，可栽植于庭园供欣赏。

茂兰保护区

- **分布：**高望和吉洞等地。
- **生境：**生于海拔450—750米的路旁和山坡。

枝翅珠子木 *Phyllanthodendron dunnianum*

叶下珠科 Phyllanthaceae　　珠子木属 *Phyllanthodendron*

茂兰保护区

- **分布：** 三岔河、板寨和翁昂。
- **生境：** 生于海拔640—700米的林中。

　　灌木或小乔木，高达6米。枝条两侧具翅，全株无毛。叶革质或厚纸质，椭圆形至卵状披针形，长2.5—10厘米，宽1.5—4厘米，先端急尖或短渐尖，基部圆形；叶柄长约2毫米；具托叶。花雌雄同株，腋生，1—2朵；雄花花梗长约4毫米，萼片5，花盘腺体5，雄蕊3，花丝合生，花药分离；雌花花梗约5毫米，萼片6，花盘腺体6，子房卵圆形，3室，每室具2颗胚珠，花柱3。蒴果圆球状。花期5—7月，果期7—10月。

　　中国产于广西、贵州和云南。

　　蒴果具有一定的观赏价值，可用于园林绿化。

网脉守宫木 **Sauropus reticulatus**

叶下珠科 Phyllanthaceae   守宫木属 *Sauropus*

  灌木，高达2米，全株无毛。叶长圆形至椭圆状披针形，革质，长10—16厘米，宽4—5厘米，先端渐尖，基部宽楔形至钝，侧脉与网脉两面均明显，微凸起，侧脉每边8—10条；叶柄长约5毫米；具托叶，三角形。蒴果扁球状，单生于叶腋；果梗长约3厘米；宿存较厚的萼片6，宽倒卵形；宿存的花柱3，分离，顶端2裂。

  中国产于广西、云南和贵州。

  果梗较长，果实下垂，是良好的观果植物；可用于园林绿化。

茂兰保护区
- **分布**：少见。
- **生境**：生于海拔500—800米的林下。

石风车子 Combretum wallichii

使君子科 Combretaceae　　风车子属 *Combretum*

茂兰保护区

- **分布：** 小七孔。
- **生境：** 生于海拔约1000米的山坡、路旁、沟边杂木林或灌丛中。

　　藤本，稀为灌木或小乔木状。幼枝压扁，有槽。叶椭圆形至长圆状椭圆形，坚纸质，基部渐狭；叶柄被褐色鳞片。穗状花序单生不分枝，在枝顶排成圆锥花序状；苞片线形；花小，长约9毫米，4数；萼管较短，漏斗状，萼齿三角形，直立；花盘环状，边缘及内外密被黄白色长硬毛；花瓣小，与萼齿等高，倒披针形；雄蕊8，长于花柱；子房四棱形，密被鳞片，花柱粗；胚珠4颗。果具4翅，翅红色，有绢丝光泽，被白色或金黄色鳞片；果柄短。花期5—8月，果期9—11月。

　　中国产于广西、贵州、四川和云南。印度（锡金）、孟加拉国、尼泊尔和缅甸也有分布。

　　花、果具有一定的观赏价值，可作城市园林垂直绿化的材料，能增加城市绿化面积，美化城市环境。

毛草龙 Ludwigia octovalvis

柳叶菜科 Onagraceae　　丁香蓼属 *Ludwigia*

　　多年生直立草本，有时基部木质化，高达2米，多分枝，稍具纵棱，常被伸展的黄褐色粗毛。叶披针形或线状披针形，长4—12厘米，先端渐尖或长渐尖，基部渐窄，两面被黄褐色粗毛；叶柄近无柄或无柄。萼片4，卵形，两面被粗毛；花瓣黄色，倒卵状楔形；雄蕊8，花药具四合花粉；花柱与雄蕊近等长，柱头近头状，4浅裂；花盘隆起，基部围以白毛，子房密被粗毛。蒴果圆柱状，被粗毛。种子近球形或倒卵圆形。花期6—8月，果期8—11月。

　　中国产于江西、浙江、福建、台湾、广东、香港、海南、广西、贵州和云南。亚洲、非洲、大洋洲、南美洲及太平洋岛屿热带与亚热带广泛地区也有分布。

　　花具观赏价值，可用于花境布置，也可盆栽供观赏。

茂兰保护区

- **分布：**常见。
- **生境：**生于海拔750米以下的田边、湖塘边、沟谷旁及开阔湿润处。

子楝树 **Decaspermum gracilentum**

桃金娘科 Myrtaceae　　子楝树属 *Decaspermum*

茂兰保护区

▪ **分布：** 立化和小七孔等地。

▪ **生境：** 常见于低海拔至中海拔的森林中。

灌木至小乔木。叶片纸质或薄革质，椭圆形，长4—9厘米，宽2—3.5厘米，先端渐尖，基部楔形，幼时两面有柔毛，后无毛，背面具腺点；叶柄长4—6毫米。聚伞花序腋生，长约2厘米，偶为圆锥状花序，总梗具柔毛；小苞片细小，锥状；花梗长3—8毫米，被毛；花白色，3数；萼管被灰毛，萼片卵形，具睫毛；花瓣倒卵形，长2—2.5毫米，外面有微毛；雄蕊比花瓣略短。浆果具柔毛，具3—5粒种子。花期3—5月。

中国产于广东、广西、贵州、湖南和台湾。

株形优美，是良好的园林绿化灌木，可单植供观赏。

桃金娘 Rhodomyrtus tomentosa

桃金娘科 Myrtaceae　　桃金娘属 *Rhodomyrtus*

　　小灌木，高0.5—2米。幼枝有短绒毛。叶对生，革质，椭圆形或倒卵形，长3—6厘米，宽1.5—3厘米，背面被短绒毛，有离基三出脉，侧脉7—8对；叶柄4—7毫米。聚伞花序腋生，有花1—3朵；花紫红色，直径约2厘米；小苞片2，卵形；萼筒钟形，长5—6毫米，裂片5，圆形，不等长；花瓣5，倒卵形，长约1.5厘米；雄蕊多数；子房下位，3室。浆果卵形，直径1—1.4厘米，暗紫色。花期4—5月。

　　中国产于台湾、福建、广东、广西、云南、贵州和湖南。

　　花紫红色，花期长，果形端正色艳，亦可做切花材料；植株抗性也强，可用于公路边坡、荒山绿化。

茂兰保护区

■ **分布**：立化。

■ **生境**：生于丘陵坡地。

华南蒲桃 *Syzygium austrosinense*

桃金娘科 Myrtaceae   蒲桃属 *Syzygium*

茂兰保护区

- **分布：** 立化。
- **生境：** 生于中海拔常绿林中。

灌木至小乔木，高达10米。嫩枝有4棱，干后褐色。叶片革质，椭圆形，长4—7厘米，宽2—3厘米，基部阔楔形；叶柄长3—5毫米。聚伞花序顶生，或近顶生，长1.5—2.5厘米；花梗长2—5毫米；花蕾倒卵形，长约4毫米；萼管倒圆锥形，长2.5—3毫米，萼片4，短三角形；花瓣分离，倒卵圆形，长约2.5毫米；雄蕊长3—4毫米；花柱长3—4毫米。果实球形，宽6—7毫米。花期6—8月。

中国产于四川、湖北、贵州、江西、浙江、福建、广东和广西。

叶色翠绿，可作为观赏果树用于园林绿化等。

地稔 **Melastoma dodecandrum**

野牡丹科 Melastomataceae　　野牡丹属 *Melastoma*

　　匍匐小灌木，长达30厘米。茎匍匐上升，逐节生根，幼时疏被糙伏毛。叶卵形或椭圆形，先端急尖，基部宽楔形，长1—4厘米，全缘或具齿，正面常仅边缘被糙伏毛，有时基出脉行间被1—2行疏糙伏毛，背面仅基出脉疏被糙伏毛；叶柄长2—6毫米，被糙伏毛。花萼管和裂片均被糙伏毛，裂片间具1小裂片；花瓣淡紫红色或紫红色，菱状倒卵形，先端有1束刺毛；子房顶端具刺毛。果肉质；宿存萼被疏糙伏毛。花期5—7月，果期7—9月。

　　中国产于贵州、湖南、广西、广东、江西、浙江和福建。越南也有分布。

　　花淡紫红色，植株覆盖效果好，观赏价值高，可作为园林地被植物点缀草坪；也适合作边坡绿化植物。

茂兰保护区

- **分布：**必达。
- **生境：**生于海拔约500米的山坡矮草丛中，为酸性土壤常见植物。

星毛金锦香 Osbeckia stellata

野牡丹科 Melastomataceae 金锦香属 *Osbeckia*

茂兰保护区

- **分布：**立化。
- **生境：**生于山坡草地。

灌木，高可达2.5米。茎四棱形，被平展刺毛。叶长圆状披针形、卵状披针形或椭圆形，先端急尖或近渐尖，基部钝或近心形，长4—9厘米，全缘，具缘毛，正面被糙伏毛，背面仅脉上被毛，基出脉5；叶柄长0.2—1厘米，密被糙伏毛。总状花序顶生，分枝各节有两花，或聚伞花序组成圆锥花序，长4—9厘米；苞片卵形，具缘毛；花4数；花萼常紫红色或紫黑色，长约2厘米，具多轮有柄刺毛状星状毛，裂片线状披针形或钻形；花瓣紫红色，倒卵形，长约1.5厘米，具缘毛；花丝与花药等长，花药黄色，喙与药室等长；子房上部被疏硬毛。蒴果卵圆形，先顶孔开裂，后4纵裂，上部被疏硬毛，顶端具刚毛。花期8—11月，果期10—12月。

中国产于湖北、湖南、广西、四川、贵州、云南和西藏。印度和缅甸也有分布。

花色鲜艳美丽，可用于庭园盆栽供观赏。

尖子木 Oxyspora paniculata

野牡丹科 Melastomataceae　　尖子木属 Oxyspora

灌木，高1—2米。茎四棱形，具槽，幼时被糠秕状星状毛。叶片坚纸质，卵形，顶端渐尖，边缘具不整齐齿；叶柄有槽。聚伞花序组成圆锥花序，顶生，被糠秕状星状毛，基部具叶状总苞2；苞片和小苞片小；花萼幼时密被星状毛，狭漏斗形，具钝四棱，裂片扁三角状卵形；花瓣红色卵形，于右上角突出1小片；雄蕊长者紫色，药隔隆起而不伸长，短者黄色，药隔隆起，基部伸长成短距。蒴果倒卵形，顶端具胎座轴；宿存萼较果长，漏斗形。花期7—9月。

中国产于贵州、云南、广西和西藏。尼泊尔、缅甸至越南也有分布。

花和叶都具有观赏价值，可植于林缘、花境等供观赏。

茂兰保护区

- **分布：** 吉洞。
- **生境：** 生于海拔450—600米的山谷密林下、阴湿处或溪边，也生长于山坡疏林下、灌木丛中湿润的地方。

锦香草 *Phyllagathis cavaleriei*

野牡丹科 Melastomataceae　　锦香草属 *Phyllagathis*

茂兰保护区

- **分布：** 常见。
- **生境：** 生于海拔450—700米的山谷、山坡疏林和密林下阴湿的地方或水沟旁。

草本，高10—15厘米。茎逐节生根，近肉质，四棱形。叶片纸质，广卵形，基部心形；叶柄密被长粗毛。伞形花序顶生；苞片倒卵形或近倒披针形，被粗毛，通常仅有4枚；花梗长3—8毫米，与花萼均被糠秕；花萼漏斗形，四棱形，裂片广卵形；花瓣粉红色至紫色，广倒卵形，上部略偏斜；雄蕊等长，花药长4—5毫米，基部具小瘤，药隔下延成短距；子房杯形，顶端具冠。蒴果杯形，顶端冠4裂；宿存萼具8纵肋；果梗伸长，被糠秕。花期6—8月，果期7—9月。

中国产于湖南、广西、广东、贵州和云南。

花粉红色，可作地被植物或种植于花坛边缘供观赏。

长芒锦香草 Phyllagathis longearistata

野牡丹科 Melastomataceae　　锦香草属 *Phyllagathis*

　　亚灌木，匍匐上升。茎四棱形。叶片纸质，卵形至长圆状卵形，基部微心形至钝，长4—7.5厘米，宽1.5—3.5厘米，边缘有锯齿，齿尖具长刺毛；叶柄长1.5—3厘米，被柔毛。伞形花序，顶生，总梗和花梗均被微柔毛；花萼钟形，裂片广卵形，边缘具缘毛，外面被微柔毛；花瓣白色，具刺芒，反折，具腺状缘毛；雄蕊等长；子房卵形。蒴果杯形，为宿存萼所包。花期约7月。

　　中国产于广西和贵州。

　　株形优美，叶色翠绿，可盆栽或丛植于草坪中供观赏。

茂兰保护区

■ **分布**：常见。

■ **生境**：生于溪边。

大叶熊巴掌 *Phyllagathis longiradiosa*

野牡丹科 Melastomataceae　　锦香草属 *Phyllagathis*

茂兰保护区

- **分布：**常见。
- **生境：**生于海拔450—1000米的阔叶林下。

草本或小灌木，高30—100厘米。茎上部近肉质，圆柱形，不分枝。叶片纸质，椭圆形，顶端渐尖，基部心形；叶柄长3—8.5厘米，具槽。伞形花序，顶生；花萼长约1厘米，被基部膨大的肉质刺毛，裂片扁圆形，顶端微凹；花瓣玫瑰红色，广卵形，顶端微凹，具缘毛；雄蕊近等长，花药基部有2小瘤，药隔基部膨大成短距；子房卵形，顶端具膜质冠，冠檐部具1环缘毛。蒴果顶端具膜质冠；宿存萼长约6毫米，被基部膨大的肉质刺毛。花期6—7月，果期12月至翌年1月。

中国产于贵州、云南和广西。

花玫红色，叶色翠绿，具有较强的观赏性，可作地被植物或丛植供观赏。

野鸦椿 Euscaphis japonica

省沽油科 Staphyleaceae　　野鸦椿属 *Euscaphis*

　　落叶小乔木或灌木，枝叶揉碎后具恶臭气味。奇数羽状复叶，对生，长8—32厘米；小叶3—11，厚纸质，长卵形至圆形，长4—9厘米，宽2—4厘米，边缘具疏短锯齿，齿尖有腺体；小叶柄长1—2毫米；小托叶线形，有微柔毛。圆锥花序顶生；花梗长达21厘米；花多，较密集，黄白色，直径4—5毫米；萼片与花瓣均5，椭圆形，萼片宿存；花盘盘状，心皮3，分离。蓇葖果长1—2厘米，果皮软革质，紫红色。种子近圆形，直径约5毫米。花期5—6月，果期8—9月。

　　中国产于江苏、安徽、浙江、福建、台湾、江西、湖北、湖南、广东、海南、广西、云南、贵州、四川、甘肃、陕西和河南。日本和朝鲜也有分布。

　　是较好的观花、观果植物，可作为行道树、公园树种、庭园树种等。

茂兰保护区

- **分布：** 立化、板寨和尧兰。
- **生境：** 常生于山脚和山谷的疏林中。

大果山香圆 Turpinia pomifera

省沽油科 Staphyleaceae　　山香圆属 Turpinia

茂兰保护区

- **分布：** 高望、吉洞和久尾。
- **生境：** 生于海拔450—650米的杂木林中、路旁及林边。

乔木，高8米，或灌木。小枝灰色，无毛，节处膨大。奇数羽状复叶，长15—50厘米；托叶在二对生叶柄之间，三角形，脱落；小叶3—9，薄革质，矩圆状椭圆形，宽5—7厘米，先端尖或钝，基部常宽楔形，边缘有锯齿；顶生小叶柄长达5厘米，侧生小叶柄长仅5—15毫米；小托叶披针状圆形，脱落。圆锥花序顶生，花序短于叶，长至多21厘米，较粗壮；花大；花药长圆状披针形，常长渐尖。果大，直径1.5—2.5厘米，幼果果皮粗糙，成熟时厚达2—5毫米。花期1—4月，果期6—8月，10月尚存。

中国产于广西、贵州和云南。

树干挺拔，树形优美，可作为园林、公园绿化树种。

中国旌节花 Stachyurus chinensis

旌节花科 Stachyuraceae　　旌节花属 *Stachyurus*

　　落叶灌木。小枝具皮孔。叶于花后发出，纸质至膜质，卵形至长圆状椭圆形，长5—12厘米，顶端尾状渐尖，基部钝圆或近心形，边缘具锯齿，背面沿中脉被短柔毛；叶柄长1—2厘米，暗紫色。穗状花序腋生，先叶开放，无梗；花黄色，近无梗；苞片1，小苞片2；萼片4；花瓣4，长约6.5毫米；雄蕊8；子房瓶状，连花柱长约6毫米，被微柔毛，柱头头状，不裂。果圆球形，径6—7厘米，无毛，近无柄，基部具花被残留物。花期3—4月，果期5—7月。

　　中国产于河南、陕西、西藏、浙江、安徽、江西、湖南、湖北、四川、贵州、福建、广东、广西和云南。

　　花序极具观赏价值，可栽植于庭园供观赏。

茂兰保护区

- **分布：** 高望、板寨、洞多和莫干。
- **生境：** 生于海拔450—600米的山谷、沟边、林中或林缘。

云南旌节花 Stachyurus yunnanensis

旌节花科 Stachyuraceae 旌节花属 Stachyurus

茂兰保护区

■ **分布：** 拉滩、莫干、板寨和翁昂。

■ **生境：** 生于海拔670—700米的山坡常绿阔叶林下或林缘灌丛中。

常绿灌木。叶革质，椭圆状长圆形，长7—15厘米，宽2—4厘米，顶端渐尖或尾状渐尖，基部楔形或钝圆，边缘具尖齿，背面淡绿色或紫色；叶柄粗壮。总状花序腋生，花序轴"之"字形，具短梗，有花12—22朵；花近无梗；苞片1；小苞片三角状卵形；萼片4，卵圆形，长约3.5毫米；花瓣4，黄色至白色，倒卵圆形，长5.5—6.5毫米，宽约4毫米；雄蕊8，无毛；子房和花柱长约6毫米，无毛，柱头头状。果实球形，具宿存花柱、苞片及花丝的残存物。花期3—4月，果期6—9月。

中国产于湖南、湖北、四川、贵州、云南和广东。

花序极具观赏价值，可栽植于庭园供观赏。

毛黄栌 Cotinus coggygria var. pubescens

漆树科 Anacardiaceae   黄栌属 *Cotinus*

灌木，高可达5米。叶阔椭圆形，稀圆形，叶背，尤其沿脉上和叶柄密被柔毛；叶柄短。圆锥花序，无毛或近无毛；花杂性；花萼无毛，裂片卵状三角形；花瓣卵形或卵状披针形；花药卵形，与花丝等长；花盘紫褐色；子房近球形。果肾形。

中国产于贵州、四川、甘肃、陕西、山西、山东、河南、湖北、江苏和浙江。间断分布于欧洲东南部。

叶色秋季多变，是极好的观叶植物，可用作园景树。

茂兰保护区

- **分布：** 常见。
- **生境：** 生于山坡林中。

利黄藤 Pegia sarmentosa

漆树科 Anacardiaceae 藤漆属 *Pegia*

茂兰保护区

- **分布：**常见。
- **生境：**喜生于石山灌丛或密林中。

攀援状木质藤本。奇数羽状复叶具小叶5—7对，叶轴和叶柄上面具槽，被卷曲黄色微柔毛，下面无毛；小叶对生，薄纸质，长圆形或椭圆状长圆形，长4—9.5厘米，宽1.5—4厘米，先端渐尖或急尖，基部近心形，叶面具灰白色细小乳突体，中脉被卷曲黄色微柔毛，叶背脉腋具灰黄色髯毛，其余无毛或近无毛。圆锥花序长8—20厘米或更长，被稀疏平展微柔毛；小苞片钻形，外面和边缘被毛；花萼无毛，裂片三角形；花瓣卵形或卵状椭圆形，长约1.5毫米，无毛；雄蕊短，花丝钻形，花药小，卵圆形；子房球形，花柱侧生。核果椭圆形或卵圆形，长10—15毫米，宽8—10毫米，无毛。花期2—4月，果期4—5月。

中国产于云南、贵州、广西和广东。越南、老挝、加里曼丹岛也有分布。

叶色翠绿，可作为篱植供观赏。

黄连木 Pistacia chinensis

漆树科 Anacardiaceae　　黄连木属 *Pistacia*

落叶乔木。幼枝具皮孔，疏被微柔毛。奇数羽状复叶互生；小叶5—6对，近对生，纸质，披针形，长5—10厘米，宽1.5—2.5厘米，顶端长渐尖，基部偏斜，全缘；小叶柄长1—2毫米。先花后叶，腋生圆锥花序，雄花序排列紧密，雌花序排列疏松，均被微柔毛；苞片披针形，内凹；雄花花被片2—4，披针形，雄蕊3—5，花丝极短，雌蕊缺；雌花花被片7—9，边缘具睫毛，无不育雄蕊，子房球形，花柱极短，柱头3，红色。核果倒卵状球形，成熟时紫红色。花期3—4月，果期9—11月。

中国产于河北、山西、河南、山东、江苏、安徽、浙江、福建、台湾、江西、湖北、湖南、广东、海南、广西、贵州、云南、西藏、四川、陕西和甘肃。

树干高大挺拔，适用于园林景观布置，亦可作行道树。

茂兰保护区

- **分布：** 高望和板寨。
- **生境：** 生于海拔450—800米的石山林中。

樟叶槭 *Acer coriaceifolium*

无患子科 Sapindaceae　槭属 *Acer*

茂兰保护区

- **分布：** 黑洞、尧兰和甲良。
- **生境：** 生于海拔500—750米的疏林中。

　　常绿乔木。当年生嫩枝淡紫色，具淡黄色绒毛；老枝具皮孔。叶革质，长圆状披针形或披针形，长8—12厘米，宽4—5厘米，全缘，老时近无毛；叶柄淡紫色，嫩时有绒毛。伞房状花序，雄花与两性花同株；萼片5，淡绿色，长圆形；花瓣5，淡黄色，倒卵形；雄蕊8，长于花瓣；子房具柔毛。翅和小坚果长2.8—3.2厘米，张开成锐角或近于直角。花期3月，果期7—9月。

　　中国产于四川、湖北、贵州和广西。

　　是良好的观果植物，可在园林景观布置中单植供观赏。

粗柄槭 Acer tonkinense

无患子科 Sapindaceae　　槭属 *Acer*

　　落叶乔木。小枝具蜡质白粉。叶革质，椭圆形，长10—15厘米，宽7—11厘米，基部近圆形，中段以上3裂，裂片三角形；叶柄粗壮，长2—3.5厘米。花序圆锥状，连总花梗长8—10厘米，每小花序3—5花；花梗细瘦；萼片5，淡紫绿色；花瓣5，淡黄色；雄蕊8；子房密生柔毛，花柱2分枝。小坚果近卵圆形，嫩时淡紫色，后淡黄色，翅镰刀形。花期4月下旬至5月上旬，果期9月。

　　中国产于广西、贵州、西藏和云南。缅甸、泰国和越南也有分布。

　　果实和叶具有观赏价值，树干挺拔，可在城市绿化中用作行道树。

茂兰保护区

- **分布：** 高望、板寨、翁昂、莫干和漏斗森林。
- **生境：** 生于海拔680—730米的疏林中。

黄梨木 **Boniodendron minius**

无患子科 Sapindaceae　黄梨木属 *Boniodendron*

茂兰保护区

- **分布：** 板寨、高望、莫干和小七孔。
- **生境：** 多生于海拔600—700米的林中。

小乔木，高2—15米。树皮暗褐色，具纵裂纹。叶聚生于小枝先端，一回偶数羽状复叶；叶柄纤细，与叶轴均被短柔毛；小叶10—20，纸质，披针形或椭圆形，顶端钝，基部偏斜，边缘有钝锯齿。聚伞圆锥花序顶生，约与叶等长；分枝广展；花淡黄色至近白色；花蕾球形；萼片5，上面4片长圆形，下面1片近圆形，边具缘毛；花瓣长圆形，外面被白色疏柔毛，内面无毛；雄蕊8；子房具3沟槽，被毛。蒴果轮廓近球形，具3翅，顶端凹入并具宿存花柱。花期5—6月，果期7—8月。

中国产于贵州、广东、广西、湖南和云南。

果实具有观赏价值，可用于城市公园园林绿化。

伞花木 Eurycorymbus cavaleriei

无患子科 Sapindaceae　　伞花木属 *Eurycorymbus*

落叶乔木，高可达20米。树皮灰色。小枝圆柱状，被短绒毛。叶连柄长15—45厘米，叶轴被皱曲柔毛；小叶4—10对，近对生，薄纸质，长圆状披针形，顶端渐尖，基部阔楔形。花序半球状，稠密而极多花，主轴和呈伞房状排列的分枝均被短绒毛；花芳香；花梗长2—5毫米；萼片卵形，外面被短绒毛；花瓣长约2毫米，外面被长柔毛；花丝长约4毫米，无毛；子房被绒毛。蒴果的发育果爿长约8毫米，宽约7毫米，被绒毛。种子黑色，种脐朱红色。花期5—6月，果期10月。

中国产于云南、贵州、广西、湖南、江西、广东、福建和台湾。

树形优美，枝繁叶茂，叶色浓绿，可用于城市公园园林绿化。

茂兰保护区

- **分布：**甲良和高望。
- **生境：**生于海拔450—700米处的阔叶林中。

掌叶木 *Handeliodendron bodinieri*

无患子科 Sapindaceae　掌叶木属 *Handeliodendron*

落叶乔木或灌木。小枝具皮孔。小叶4或5，薄纸质，椭圆形至倒卵形，长3—12厘米，宽1.5—6.5厘米，先端尾状骤尖，基部阔楔形，背面具腺点；叶柄长4—11厘米；小叶柄长1—15毫米。花序疏散，长约10厘米，多花；花梗长2—5毫米，散生圆形小鳞秕；萼片长椭圆形或略带卵形，长2—3毫米，略钝头，两面被微毛，边缘有缘毛；花瓣外面被柔毛；花丝长5—9毫米，除顶部外被疏柔毛。蒴果全长2.2—3.2厘米，其中柄状部分长1—1.5厘米。种子长8—10毫米。花期5月，果期7月。

中国产于贵州和广西。

树形挺拔、叶形奇特、叶色浓绿，可用于城市公园园林绿化。

复羽叶栾 Koelreuteria bipinnata

无患子科 Sapindaceae　　栾属 *Koelreuteria*

　　乔木，具皮孔。枝具小疣点。二回羽状复叶，长45—70厘米；小叶9—17片，互生，纸质，长3.5—7厘米，宽2—3.5厘米，顶端短尖，基部阔楔形，边缘具锯齿；近无柄。圆锥花序，长35—70厘米，具短柔毛；萼5裂达中部；花瓣4，长圆状披针形，顶端钝或短尖，瓣爪被长柔毛，鳞片深2裂；雄蕊8，长4—7毫米；子房三棱状长圆形。蒴果近球形，淡紫红色，老熟时褐色，长4—7厘米，宽3.5—5厘米。种子近球形，直径5—6毫米。花期7—9月，果期8—10月。

　　中国产于广东、广西、贵州、湖北、湖南、四川和云南。

　　花、果兼具观赏价值，是优良的庭园绿荫树和行道树。

茂兰保护区

- **分布：**翁昂和板寨。
- **生境：**生于海拔450—700米的山地疏林中。

九里香 Murraya exotica

芸香科 Rutaceae　九里香属 *Murraya*

茂兰保护区

- **分布：** 板寨。
- **生境：** 生于低丘陵或海拔高的山地疏林或密林中。

　　小乔木，高达8米。奇数羽状复叶，小叶3—5—7片，倒卵形或倒卵状椭圆形，两侧通常不对称，长1—6厘米，先端圆钝或钝尖，有时微凹，基部楔形，全缘；小叶柄甚短。花序伞房状或圆锥状聚伞花序，顶生或兼有腋生；花白色，芳香；萼片卵形，长约1.5毫米；花瓣5，长椭圆形，长1—1.5厘米，盛花时反折；雄蕊10，较花瓣略短，花丝白色；花柱及子房均为淡绿色，柱头黄色。果宽卵形或椭圆形，橙黄色至朱红色，顶部短尖，稍歪斜，有时球形，长0.8—1.2厘米，径0.6—1厘米，果肉含胶液。种子有短的棉质毛。花期4—8月，果期9—12月。

　　中国产于台湾、福建、广东、海南、湖南、广西、贵州和云南。菲律宾、印度尼西亚、斯里兰卡也有分布。

　　花、果均具有观赏价值，可种植在城市绿化带或盆栽用于盆景制作。

苦木 Picrasma quassioides

苦木科 Simaroubaceae　苦木属 *Picrasma*

　　落叶乔木，高达10余米，全株有苦味。树皮紫褐色，平滑，有灰色斑纹。叶互生，奇数羽状复叶，长15—30厘米；小叶9—15，边缘具不整齐的粗锯齿，基部楔形。花雌雄异株，腋生复聚伞花序；萼片小，通常5，卵形，外面被黄褐色微柔毛，覆瓦状排列；花瓣与萼片同数，两面中脉附近有微柔毛；雄花中雄蕊长为花瓣的2倍，与萼片对生，雌花中雄蕊短于花瓣；花盘4—5裂；离生心皮2—5，每心皮有1颗胚珠。核果成熟后蓝绿色。种皮薄，萼宿存。花期4—5月，果期6—9月。

　　中国产于安徽、福建、甘肃、广东、广西、贵州、海南、河北、河南、湖北、湖南、江苏、江西、辽宁、陕西、山东、山西、四川、台湾、西藏、云南、浙江。不丹、印度、日本、克什米尔地区、韩国、尼泊尔、斯里兰卡也有分布。

　　株形优美，叶色翠绿，可作园林绿化树种，也可作行道树。

茂兰保护区

- **分布：**吉洞、高望、莫干和必达。
- **生境：**生于海拔450—600米的山地杂木林中。

香椿 Toona sinensis

楝科 Meliaceae　　香椿属 *Toona*

茂兰保护区

- **分布：** 甲乙、板寨和翁昂。
- **生境：** 生于海拔600米以下的山区及平原。

　　落叶乔木，高达25米。树皮浅纵裂，片状剥落。偶数羽状复叶，长30—50厘米；小叶16—20，卵状披针形或卵状长圆形，长9—15厘米，宽2.5—4厘米，先端尾尖，基部一侧圆，另一侧楔形，全缘或疏生细齿，两面无毛，背面常粉绿色，侧脉18—24对；小叶柄长0.5—1厘米。聚伞圆锥花序疏被锈色柔毛或近无毛；花萼5齿裂或浅波状，被柔毛；花瓣5，白色，长圆形，长4—5毫米；雄蕊10，5枚能育，5枚退化；花盘无毛，近念珠状。蒴果窄椭圆形，长2—3.5厘米，深褐色，具苍白色小皮孔。种子上端具膜质长翅。花期6—7月，果期10—11月。

　　中国产于辽宁、河北、河南、安徽、江苏、浙江、江西、湖北、湖南、广东、广西、贵州、云南、西藏、四川、甘肃和陕西。

　　树形挺拔，枝叶繁茂，可用于庭园绿化。

黄蜀葵 Abelmoschus manihot

锦葵科 Malvaceae　　秋葵属 *Abelmoschus*

一年生或多年生草本，高达2米，被长硬毛。叶掌状5—9深裂，裂片长圆状披针形，长8—18厘米，宽1—6厘米，具粗钝锯齿，两面疏被长硬毛；叶柄疏被长硬毛，长6—18厘米；具托叶。花单生于枝端叶腋；小苞片4—5，卵状披针形，疏被长硬毛；萼佛焰苞状，5裂，近全缘，较长于小苞片，被柔毛，果时脱落；花大，淡黄色，内面基部紫色；雄蕊柱长1.5—2厘米，花药近无柄；柱头紫黑色，匙状盘形。蒴果卵状椭圆形，被硬毛。种子多数，肾形。花期8—10月。

中国产于河北、山东、河南、陕西、湖北、湖南、四川、贵州、云南、广西、广东和福建。印度也有分布。

其花和叶均具有观赏价值，可作为亚热带地区的庭园绿篱花卉。

茂兰保护区

- **分布：** 常见。
- **生境：** 常生于山谷草丛、田边或沟旁灌丛中。

木芙蓉 Hibiscus mutabilis

锦葵科 Malvaceae   木槿属 *Hibiscus*

茂兰保护区
- **分布：** 尧所。
- **生境：** 生于光照充足的山坡。

落叶灌木或小乔木，高2—5米，小枝、叶柄、花梗和花萼均密被细绵毛。叶宽卵形，直径10—15厘米，常5—7裂，裂片三角形，背面密被星状细绒毛；叶柄长5—20厘米。花单生于枝端叶腋；花梗长5—8厘米，近端具节；萼钟形，长2.5—3厘米，裂片5，卵形，渐尖头；花初开时白色或淡红色，后变深红色；花瓣近圆形，直径4—5厘米，外被毛；花柱枝5，疏被毛。蒴果扁球形，直径约2.5厘米，被黄色刚毛和绵毛，果爿5。种子肾形，背面被长柔毛。花期8—10月。

中国产于湖南、辽宁、河北、河南、山东、江苏、安徽、浙江、福建、台湾、江西、湖北、湖南、广东、香港、广西、贵州、云南、四川和陕西。

花朵较大，树形优美，极具观赏价值。可种植于草坪路旁、庭园及建筑物周边，也可种植于阳台花盆中。

粉苹婆 Sterculia euosma

锦葵科 Malvaceae　　苹婆属 *Sterculia*

　　乔木。幼枝被毛，后脱落。叶卵状椭圆形，革质，长12—24厘米，宽7—12厘米，先端短渐尖，基部圆形或略为斜心形，正面无毛或近无毛，背面被毛；叶柄长约5厘米。总状花序聚生于小枝上部，略被淡黄褐色茸毛；花梗长1—1.5厘米；花暗红色；花萼5裂几至基部；雌雄蕊柄长约2毫米；子房卵圆形，密被毛，花柱弯曲，有长柔毛。蓇葖果熟时红色，矩圆形或矩圆状卵形。种子卵形，黑色。

　　中国产于云南、贵州和广西。

　　果实颇具观赏价值，是优良的园林绿化树种。

茂兰保护区

- **分布：** 常见。
- **生境：** 生于海拔约500米的林中。

地桃花 Urena lobata

锦葵科 Malvaceae 梵天花属 *Urena*

茂兰保护区

- **分布：** 小七孔、高望和必达。
- **生境：** 生于海拔700米左右的干热旷地、草坡或疏林下。

直立亚灌木状草本，高达1米。小枝被绒毛。茎下部的叶近圆形，长4—5厘米，宽5—6厘米，顶端浅3裂，基部圆形，边缘具锯齿；中部叶卵形，上部叶长圆形至披针形，正面被柔毛，背面被绒毛；叶柄长1—4厘米，被星状毛；托叶早落。花淡红色；花梗被绵毛；小苞片5；花萼杯状，裂片5，均被星状柔毛；花瓣5，倒卵形，外面被星状柔毛；雄蕊柱长约15毫米；花柱枝10，微被长硬毛。果扁球形，直径约1厘米，分果片被星状短柔毛和锚状刺。花期7—10月。

中国产于江苏、安徽、浙江、福建、台湾、江西、湖北、湖南、广东、香港、海南、广西、贵州、云南、四川和西藏。越南、柬埔寨、老挝、泰国、缅甸、印度和日本也有分布。

花淡红色，可丛植于公园草地，也可用作花境布置的背景材料等。

双花鞘花 **Macrosolen bibracteolatus**

桑寄生科 Loranthaceae   鞘花属 *Macrosolen*

　　灌木，高达1米。叶革质，卵状长圆形或披针形，长8—12厘米，先端渐尖或长渐尖，稀略钝，基部楔形；叶柄长2—5毫米。花梗长约4毫米；苞片半圆形；小苞片合生，近圆形；花托圆柱形，长约4毫米；副萼杯状；花冠红色，长3.2—3.5厘米，冠筒下部膨胀，喉部具6棱，裂片6，披针形，长约1.4厘米，反折，青色；花丝长7—8毫米，花药长约3毫米；花柱线状，柱头头状。果长椭圆状，红色，长约9毫米，果皮平滑。花期11—12月，果期12月至翌年4月。

　　中国产于云南、贵州、广西、广东。

　　叶色翠绿，花形优美，色泽鲜艳，具有一定的观赏价值。

茂兰保护区

- **分布：**常见。
- **生境：**生于海拔450—1000米的山地常绿阔叶林中。

巫山浅裂繁缕 Nubelaria wushanensis

石竹科 Caryophyllaceae　　浅裂繁缕属 *Nubelaria*

茂兰保护区

- **分布：**吉洞和尧兰。
- **生境：**生于海拔700米左右的山地或丘陵地区。

一年生草本，高达20厘米。茎基部近匍匐，上部直立。叶片卵状心脏形至卵形，长2—3.5厘米，宽1.5—2厘米，顶端尖或急尖，基部近心脏形；叶柄长1—2厘米。聚伞花序顶生或腋生，花1—3朵；苞片草质；萼片5，披针形；花瓣5，倒心脏形，顶端2裂深达花瓣1/3；雄蕊常10；花柱3，线形，有时为2或4；中下部的腋生花为雌花，常无雄蕊，有时缺花瓣和雄蕊，而只有2花柱。蒴果卵圆形，具3—5粒种子。种子圆肾形，褐色，具尖瘤状凸起。花期4—6月，果期6—7月。

中国产于浙江、江西、湖北、湖南、广东、广西、贵州、四川、陕西和云南。

花具有观赏价值，可作为地被植物，亦可栽种在花坛边缘供观赏。

垂序商陆 Phytolacca americana

商陆科 Phytolaccaceae　　商陆属 *Phytolacca*

　　多年生草本，高1—2米。根粗壮，倒圆锥形。茎圆柱形，直立，有时带紫红色。叶片椭圆状卵形或卵状披针形，长9—18厘米，宽5—10厘米，先端急尖，基部楔形；叶柄长1—4厘米。顶生或侧生总状花序，长5—20厘米；花梗长6—8毫米；花白色，微带红晕，直径约6毫米；花被片5；雄蕊、心皮及花柱常均为10，心皮合生。果序下垂；浆果扁球形，熟时紫黑色。种子肾圆形，直径约3毫米。花期6—8月，果期8—10月。

　　原产于北美洲，中国产于河北、陕西、山东、江苏、浙江、安徽、江西、福建、台湾、河南、湖北、湖南、广东、海南、四川、贵州和云南。

　　株形优美，茎紫红色，具有极高的观赏价值，可作庭园观赏树种。

茂兰保护区

- **分布：** 常见。
- **生境：** 生于疏林、路旁和荒地。

喜树 Camptotheca acuminata

蓝果树科 Nyssaceae　　喜树属 *Camptotheca*

茂兰保护区

- **分布：** 立化。
- **生境：** 常生于海拔1000米以下的林边或溪边。

　　落叶乔木，高20—25米。树皮灰色。叶互生，纸质，长卵形，长12—28厘米，宽6—12厘米，先端渐尖，基部宽楔形，全缘或微呈波状，正面亮绿色，背面淡绿色，疏生短柔毛，脉上较密。花单性同株，多数排成球形头状花序，雌花顶生，雄花腋生；苞片3，两面被短柔毛；花萼5裂，边缘有纤毛；花瓣5，淡绿色，外面密被短柔毛；花盘微裂；雄花有雄蕊10，两轮，外轮较长；雌花子房下位，花柱2—3裂。瘦果窄矩圆形，长2—2.5厘米，顶端有宿存花柱，有窄翅。

　　中国产于江苏、浙江、福建、江西、湖北、湖南、四川、贵州、广东、广西、云南等。

　　树形优美，可作园林绿化树种，孤植供观赏。

马桑绣球 **Hydrangea aspera**

绣球科 Hydrangeaceae　　绣球属 *Hydrangea*

灌木或小乔木，高可达10米。枝密被黄白色短糙伏毛和颗粒状鳞秕。叶长卵形、卵状披针形或长椭圆形，纸质，长11—25厘米，先端渐尖，基部阔楔形或圆形，边缘具不规则小齿，正面被疏糙伏毛，背面密被黄褐色颗粒状腺体和灰白色短柔毛；叶柄长1.5—4厘米。伞房状聚伞花序径10—25厘米；不育花萼片4，倒卵形或卵圆形，具齿；孕性花紫蓝色或紫红色，萼筒钟状，萼齿宽三角形，花瓣长卵形，分离，雄蕊10，不等长，子房下位，花柱2—3。蒴果坛状，顶端平截。种子两端具短翅，褐色，椭圆形或近圆形。花期8—9月，果期10—11月。

中国产于云南、四川、贵州和广西。尼泊尔、印度（锡金）、越南也有分布。

花极具观赏价值，可在园林绿化中列植或群植等供观赏，也可阳台盆栽供观赏。

茂兰保护区

- **分布：**常见。
- **生境：**生于海拔约800米的山谷密林或山坡灌丛中。

蜡莲绣球 Hydrangea strigosa

绣球科 Hydrangeaceae　　绣球属 *Hydrangea*

茂兰保护区

- **分布：** 翁昂和板寨。
- **生境：** 生于海拔600—800米的山谷密林或山坡路旁疏林或灌丛中。

灌木，高达3米。小枝圆柱形或微具四钝棱，灰褐色，密被糙伏毛。叶纸质，边缘具齿，中脉粗壮，侧脉7—10对；叶柄被糙伏毛。伞房状聚伞花序大，直径达28厘米，密被灰白色糙伏毛；不育花萼片4—5，基部具爪，边全缘或具数齿，白色或淡紫红色；孕性花淡紫红色，萼筒钟状，萼齿三角形；花瓣长卵形，早落；雄蕊不等长，花药长圆形；子房下位，花柱2，近棒状。蒴果坛状，顶端截平，基部圆。种子褐色，阔椭圆形，具纵脉纹，两端各具翅。花期7—8月，果期11—12月。

中国产于陕西、四川、云南、贵州、湖北和湖南。

花具有观赏价值，有很大的园艺和园林应用潜力。

灯台树 Cornus controversa

山茱萸科 Cornaceae　　山茱萸属 *Cornus*

　　落叶乔木，高6—15米。树皮光滑。枝开展，圆柱形。冬芽无毛。叶互生，纸质，阔卵形，全缘；叶柄紫红绿色，长2—6.5厘米。伞房状聚伞花序顶生；总花梗淡黄绿色；花小，白色；花萼裂片4，三角形，长于花盘，外侧被短柔毛；花瓣4；雄蕊4，与花瓣互生，花丝线形，花药椭圆形，淡黄色；花盘垫状；花柱圆柱形，子房下位；花托椭圆形；花梗淡绿色。核果球形，成熟时紫红色至蓝黑色；核骨质球形；果梗无毛。花期5—6月，果期7—8月。

　　中国产于安徽、福建、甘肃、广东、广西、贵州、海南、河北、河南、湖北、湖南、江苏、江西、辽宁、陕西、山东、山西、四川、台湾、西藏、云南和浙江。不丹、印度、日本、韩国、缅甸和尼泊尔也有分布。

　　适应能力强，花白、素雅，可作园林绿化中的行道树、孤植树等，有较大的观赏价值。

茂兰保护区

- **分布**：高望、吉洞、板寨和立化。
- **生境**：生于海拔700—800米的常绿阔叶林或针叶阔叶混交林中。

香港四照花 **Cornus hongkongensis**

山茱萸科 Cornaceae　　山茱萸属 *Cornus*

茂兰保护区

- **分布：**立化。
- **生境：**生于海拔450—700米湿润山谷的密林或混交林中。

常绿乔木或灌木。幼枝被褐色短柔毛，老枝无毛，具皮孔。叶革质，矩圆形或倒卵状矩圆形，长6.2—13厘米，宽3—6.3厘米，顶端渐尖，基部宽楔形或钝尖，背面侧脉显著，并具细点；叶柄长0.8—1.2厘米。头状花序球形，有花50—70朵；总苞片4，白色；总花梗纤细，具柔毛；花萼筒状，顶端截平状；花瓣4，淡黄色；雄蕊4；花盘盘状；花柱微被细伏毛，子房下位。果序球形，成熟时黄色或红色；总果梗绿色。花期5—6月，果期11—12月。

中国产于浙江、江西、湖南、贵州、福建、广东、广西和云南。

是庭园优良的观叶、观花、观果植物，在城市绿化中也具有良好的发展前景。

小花梾木 **Cornus parviflora**

山茱萸科 Cornaceae　山茱萸属 *Cornus*

　　乔木或灌木。树皮黄褐色。嫩枝疏被灰白色短柔毛。叶对生，长椭圆形，顶端渐尖，长4—9.5厘米，侧脉3对，上面不显，下面凸出；叶柄长3—6毫米，被短柔毛。顶生伞房状聚伞花序，有时具1枚苞片；花小，白色；花萼裂片4，外侧具柔毛；花瓣4，长圆披针形；雄蕊4，花丝线形，花药2室；花盘垫状，具柔毛；花柱具柔毛，柱头小，点状，子房下位；花托倒圆锥形。核果狭倒卵形，直径约4毫米。花期7月，果期8—9月。

　　中国产于广西和贵州。

　　花色素雅，可作园林绿化中的行道树、孤植树等，有较大的观赏价值。

茂兰保护区

- **分布：** 洞多、高望和翁昂。
- **生境：** 生于海拔450—660米的森林中或岩石上。

大叶凤仙花 **Impatiens apalophylla**

凤仙花科 Balsaminaceae　　凤仙花属 *Impatiens*

茂兰保护区

- **分布：** 翁昂。
- **生境：** 生于海拔450—600米的山谷沟底、山坡草丛中，或林下阴湿处。

　　草本，高达60厘米。茎直立。叶互生，矩圆状卵形或矩圆状倒披针形，长10—22厘米，宽4—8厘米，先端渐尖，基部楔形，边缘具齿，侧脉9—10对。总状花序，花4—10朵；总花梗腋生，长达7—15厘米；花梗长约2厘米；花黄色；萼片4，外面2个斜卵形，内面2个条状披针形；旗瓣椭圆形，先端有小突尖，背面中肋细；翼瓣短，无柄，2裂，基部裂片矩圆形，先端渐尖，上部裂片狭矩圆形，先端圆钝，背面的耳宽；唇瓣囊状，基部突然延长成长距，距微弯或有时螺旋状；花药钝。蒴果棒状。

　　中国产于广西、贵州和云南。

　　花具有观赏价值，可种植在公园树林下等阴湿的环境中丰富绿化空间。

绿萼凤仙花 Impatiens chlorosepala

凤仙花科 Balsaminaceae　　凤仙花属 *Impatiens*

一年生草本，高达40厘米。茎肉质，直立。叶互生，膜质，长圆状卵形或披针形，长7—11厘米，宽2.5—4.5厘米，顶端渐尖，基部楔状狭成叶柄，边缘具圆齿。总花梗具1—2花；花梗具披针形或线状披针形的苞片，宿存；花淡红色；侧生萼片2，绿色，斜宽卵形或近圆形；旗瓣圆形，兜状，背面具凸起；翼瓣2裂，背部具小耳；唇瓣檐部漏斗状，口部平，内弯顶端内卷的距，具粉红色纹条；花丝线形，花药卵圆形；子房纺锤形，直立。蒴果披针形。花期10—12月。

中国产于广东、广西和贵州。

花量大且美丽，可盆栽种植供观赏。

茂兰保护区

- **分布：**常见。
- **生境：**生于海拔450—800米的山谷水旁荫处或疏林溪旁。

瑶山凤仙花 Impatiens macrovexilla var. yaoshanensis

凤仙花科 Balsaminaceae 凤仙花属 Impatiens

茂兰保护区

- **分布：** 常见。
- **生境：** 生于山谷荫处、林下或路边草地。

一年生草本，高达30厘米。茎直立，节肿胀，具不定根。叶互生，具柄，膜质，卵圆形或卵状矩圆形，顶端渐尖，基部楔状下延成长1—2.5的叶柄，具腺体。总花梗单生于上部叶腋，具2花，稀单花；花梗细，上部具苞片；苞片披针形，宿存；花紫色；侧生萼片2，绿色，宽卵形，顶端长突尖，全缘；翼瓣的上部裂片全缘，背部具明显小耳。蒴果长圆形，顶端具3—5齿裂。种子多数，球形，褐色，光滑。花期9—10月。

中国产于湖南、广西和贵州。

花紫色，可作地被植物，种植在林下或花坛边缘等处。

黄金凤 Impatiens siculifer

凤仙花科 Balsaminaceae   凤仙花属 *Impatiens*

　　草本，高达60厘米。茎细弱。叶互生，通常密集于茎或分枝的上部，卵状披针形或椭圆状披针形，长5—13厘米，宽2.5—5厘米，先端急尖或渐尖，基部楔形，边缘有粗圆齿；叶柄长达3厘米。总花梗生于上部叶腋，花5—8朵排成总状花序；花梗纤细，基部具宿存苞片；花黄色；侧生萼片2；旗瓣近圆形，背面中肋增厚成狭翅；翼瓣2裂；唇瓣狭漏斗状，先端有喙状短尖，基部延长成内弯或下弯的长距；花药钝。蒴果棒状。

　　中国产于江西、福建、湖南、湖北、贵州、广西、四川、重庆和云南。

　　花形奇特，花色鲜艳，具有极高的观赏价值。该种需要较大的环境湿度，可用于湿地或水生环境的植物配置。

茂兰保护区

- **分布：** 翁昂。
- **生境：** 常生于海拔500—600米的山坡草地、草丛、水沟边、山谷潮湿地或密林中。

田林凤仙花 Impatiens tianlinensis

凤仙花科 Balsaminaceae　　凤仙花属 Impatiens

茂兰保护区

▪ **分布：**常见。
▪ **生境：**生于林中。

　　草本，高达80厘米。茎肉质，直立。叶密集于茎上部，互生，倒卵形至倒披针形，长10—15厘米，宽5—8厘米，顶端渐尖，基部楔形，边缘具波状圆齿，齿间具小刚毛；叶柄长1—2厘米。总状花序，总花梗腋生，具3—5朵花，具卵形苞片；花淡黄色；侧萼片4，黄绿色；下萼片黄色，无红色斑点。蒴果锤状。种子椭圆形。

　　中国产于广西和贵州。

　　花具有观赏价值，可种植在城市建筑背阴面用于绿化等。

革叶铁榄 **Sinosideroxylon wightianum**

山榄科 Sapotaceae　　铁榄属 *Sinosideroxylon*

　　乔木或灌木，高达15米。幼枝和幼叶被毛，后无毛。叶革质，椭圆形至披针形或倒披针形，长7—10厘米，宽2.5—3.7厘米，顶端锐尖或钝，基部狭楔形，下延；叶柄长达2厘米。花绿白色，芳香，单生或2—5朵簇生于叶腋；花梗被淡黄色绒毛；花萼裂片5，卵形或披针形，淡绿色；花冠白绿色；花药淡黄色，卵形；退化雄蕊披针形或近三角形；子房卵形，5室，下部被锈色硬毛。果绿色转深紫色，椭圆形。种子1粒，椭圆形，两侧压扁。花期为10月至翌年3月，果期为4—9月。

　　中国产于广东、广西、贵州和云南。越南也有分布。

　　花期长，花色淡雅。该种是具有重要生态修复价值和园林绿化潜力的树种，也是优良的乡土绿化树种。

茂兰保护区

- **分布：** 常见。
- **生境：** 生于海拔450—600米的林中。

月月红 *Ardisia faberi*

报春花科 Primulaceae 紫金牛属 *Ardisia*

茂兰保护区

- **分布：** 高望和莫干。
- **生境：** 生于海拔450—750米的山谷疏林或密林下、阴湿处、水旁、路边或石缝间。

小灌木或亚灌木，具匍匐根茎，密被锈色卷曲长柔毛。叶对生或近轮生，叶卵状椭圆形，长5—10厘米，宽2.5—4厘米，具粗齿，幼时两面被卷曲长柔毛；叶柄长5—8毫米，密被卷曲长柔毛。亚伞形花序，腋生；花梗长0.7—1厘米，被卷曲长柔毛；花长4—5毫米；萼片窄披针形或线状披针形；花瓣白色或粉红色；花药卵形，背部无腺点。果球形，直径约6毫米，红色，无腺点，无毛或被微柔毛。花期5—7月，稀4月，果期5月或11月。

中国产于广东、广西、贵州、海南、湖北、湖南、四川和云南。

花粉红色或白色，果实成熟后红色，可作地被植物种植在林下、溪水边、半阴的山坡等处。

雪下红 Ardisia villosa

报春花科 Primulaceae   紫金牛属 *Ardisia*

灌木，高达1米，具匍匐根茎；幼时被毛，老无毛。叶坚纸质，椭圆状披针形或卵形，先端尖或渐尖，基部楔形，长7—15厘米，近全缘或具齿，背面被长硬毛或长柔毛，具腺点；叶柄长0.5—1厘米。花长5—8毫米；萼片长圆状披针形或舌形，两面被毛，具密腺点；花瓣淡紫色或粉红色，稀白色，卵形或宽披针形，具腺点，无毛；花药披针形，背部具腺点。果径5—7毫米；果深红色或带黑色，具腺点，被毛。花期5—7月，果期翌年2—5月。

中国产于贵州、云南、广西、广东、海南和台湾。

果深红色或带黑色，是极佳的观叶、观果盆栽木本花卉。

茂兰保护区

- **分布：** 常见。
- **生境：** 生于海拔500—700米的疏林或密林下石缝间、坡边或路旁阳处，亦见于荫蔽潮湿的地方。

细梗香草 Lysimachia capillipes

报春花科 Primulaceae 珍珠菜属 *Lysimachia*

茂兰保护区

- **分布：** 石上森林和尧兰。
- **生境：** 生于海拔450—600米的山谷林下或溪边。

多年生草本，高40—60厘米，干后有浓香。茎具棱或有窄翅。叶互生，卵形或卵状披针形，长1.5—7厘米，基部短渐窄或钝，稀近圆或平截，先端尖或渐尖，无毛或正面疏被小刚毛；叶柄长2—8毫米。花单生叶腋；花梗长1.5—3.5厘米；花萼裂片卵形或披针形，长2—4毫米，先端渐尖或钻形；花冠黄色，长6—8毫米，深裂，裂片窄长圆形或线形，长5—7毫米，先端钝；花丝基部合生成高约0.5毫米的环，分离部分长约1.3毫米，花药长3.5—4毫米，基着，顶孔开裂。蒴果径3—4毫米，瓣裂。花期6—7月，果期8—10月。

中国产于浙江、福建、台湾、江西、河南、湖北、湖南、广东、广西、云南、贵州和四川。

花黄色，具有一定的观赏价值，在园林绿化中可种植在溪水边等阴湿环境。

过路黄 Lysimachia christiniae

报春花科 Primulaceae　　珍珠菜属 *Lysimachia*

　　多年生草本，长达60厘米，具柔毛和腺体。叶对生，卵圆形至肾圆形，长 2—6厘米，宽1—4 厘米，先端锐尖至圆形，基部截形至浅心形，鲜时透光可见透明腺条；叶柄无毛或密被毛。花单生叶腋；花梗被毛和腺体；花萼具披针形至近匙形裂片；花冠黄色，裂片狭卵形以至近披针形，具黑色长腺条；花丝下半部合生成筒，花药卵圆形；子房卵珠形，花柱长6—8毫米。蒴果球形，无毛，有稀疏黑色腺条。花期5—7月，果期7—10月。

　　中国产于云南、四川、贵州、陕西、河南、湖北、湖南、广西、广东、江西、安徽、江苏、浙江和福建。

　　适应性强，易繁殖，是良好的园林地被植物。

茂兰保护区

- **分布：** 青龙潭。
- **生境：** 生于海拔450—600米的沟边、路旁阴湿处和山坡林下。

三叶香草 *Lysimachia insignis*

报春花科 Primulaceae　　珍珠菜属 *Lysimachia*

茂兰保护区

- **分布：** 常见。
- **生境：** 生于海拔约450米的山谷溪边和林下。

多年生草本。茎直立，高达90厘米，基部木质化。叶卵形或卵状披针形，常3枚聚生茎端，长8—25厘米，先端渐尖，基部钝或近圆，近轮生状；近无柄或柄长0.3—1厘米；茎下部叶鳞片状，常凋落。总状花序长6—9厘米，具3—10花，在叶轮下沿茎着生；花梗长0.6—1.5厘米；萼片卵形；花冠白色或淡黄色，裂片长圆形；花丝下部合生成浅环贴生于花冠基部，花药顶孔开裂。蒴果白色，不裂。花期4—5月，果期10—11月。

中国产于云南、贵州和广西。越南也有分布。

花淡黄色，在园林绿化中可种植在林缘或花坛中供观赏。

狭叶落地梅 *Lysimachia paridiformis* var. *stenophylla*

报春花科 Primulaceae　　珍珠菜属 *Lysimachia*

多年生草本。茎无毛，高达45厘米。叶6—18枚轮生茎端，叶披针形至线状披针形。伞形花序；花较大，长可达17毫米；花梗长可达3厘米；花萼裂片披针形；花冠黄色，筒部长约3毫米，裂片窄长圆形；花药椭圆形，背着，纵裂。蒴果。

中国产于云南、四川、贵州、湖南、广西、广东。

花、叶均具观赏价值，可庭园盆栽或在园林绿化中种于林下供观赏。

茂兰保护区
- **分布：** 常见。
- **生境：** 生于林下和阴湿沟边。

毛穗杜茎山 Maesa insignis

报春花科 Primulaceae 杜茎山属 *Maesa*

茂兰保护区

■ **分布:** 吉洞。

■ **生境:** 生于海拔520米左右山坡、丘陵的疏林下。

灌木,高1.2—3米。小枝纤细,密被长硬毛;髓部空心。叶片椭圆形,边缘具齿,两面被糙伏毛;叶柄长约5毫米,密被长硬毛。总状花序腋生,长约6厘米,花萼及以下均被长硬毛;苞片披针形;花梗长约5毫米;小苞片披针形,着生于花梗上部;花长约2毫米,裂片较萼管略长,具缘毛;花冠黄白色,长约2毫米,钟形,具脉状腺条纹;雄蕊在雌花中退化,在雄花中内藏;雌蕊长不超过雄蕊,柱头微裂或4裂。果球形,白色,略肉质,被长硬毛。花期1—2月,果期约11月。

中国产于贵州、广西、广东。

花、果具有一定的观赏价值,适用于园林绿化。

鲫鱼胆 Maesa perlarius

报春花科 Primulaceae　杜茎山属 *Maesa*

　　小灌木，高达3米。小枝被毛或有时无毛。叶广椭圆状卵形至椭圆形，纸质或近坚纸质，长7—11厘米，宽3—5厘米，先端急尖或突然渐尖，基部楔形，边缘具粗锯齿，背面被长硬毛；叶柄被长硬毛或短柔毛。总状花序或圆锥花序，腋生，具2—3分枝，被长硬毛和短柔毛；具小苞片；花梗长约2毫米；花长约2毫米；萼片广卵形；花冠白色，钟形；雄蕊在雌花中退化，在雄花中着生于花冠管上部，内藏；花药广卵形或近肾形；雌蕊较雄蕊略短，花柱短且厚，柱头4裂。果球形。花期3—4月，果期12月至翌年5月。

　　中国产于四川、贵州、广东、广西、海南、云南和台湾。越南和泰国也有分布。

　　可作城市生态园林建设的耐阴乡土灌木树种。

茂兰保护区

- **分布：**常见。

- **生境：**生于海拔450—800米山坡、路边的疏林或灌丛中湿润的地方。

密花树 Myrsine seguinii

报春花科 Primulaceae　铁仔属 Myrsine

茂兰保护区

- **分布:** 立化、板寨和洞多。
- **生境:** 生于海拔500—670米的混交林中，亦见于林缘、路旁等灌木丛中。

大灌木或小乔木，高2—7米，可达12米。叶片革质，倒披针形，长7—17厘米，宽1.3—6厘米，全缘，两面无毛。伞形花序或簇生，有花3—10朵；苞片广卵形，具疏缘毛；花梗长2—3毫米，无毛；花萼仅基部连合，萼片卵形，具缘毛；花瓣白色或淡绿色，花时反卷，长3—4毫米；雄蕊在雌花中退化，雄花着生于花冠中部，花丝极短，略小于花瓣；雌蕊与花瓣等长，子房无毛，花柱极短，柱头伸长，顶端扁平，基部圆柱形。果球形或近卵形，基部有宿存花柱。花期4—5月，果期10—12月。

中国产于安徽、福建、广东、广西、贵州、海南、湖北、湖南、江西、四川、台湾、西藏、云南和浙江。

是良好的观果植物，是可用于城市生态园林建设的耐阴乡土灌木树种。

冬青叶山茶 Camellia ilicifolia

山茶科 Theaceae　山茶属 *Camellia*

　　灌木。嫩枝无毛。顶芽近秃净。叶革质，卵形或椭圆形，先端渐尖，基部圆形或钝，正面干后深绿色，有光泽，背面黄绿色，边缘有细锯齿，叶柄长5—7毫米。花红色，顶生，直径4厘米，无柄；苞片5—6，近圆形；萼片倒卵圆形，外面中肋有柔毛；花瓣6—7，长圆形或倒卵圆形，近先端略有柔毛；雄蕊长1.1—1.5厘米，外轮花丝连生5—6毫米；子房3室，无毛；花柱3，离生，长约1.8厘米，无毛。蒴果近球形，果皮有瘤状凸起，厚3—4毫米。种子有柔毛。花期7—8月。

　　中国产于贵州。

　　花极具观赏价值，可用于道路绿化，美化公路环境。

茂兰保护区

- **分布：**常见。
- **生境：**生于海拔700—850米的林中。

荔波连蕊茶 Camellia lipoensis

山茶科 Theaceae 山茶属 *Camellia*

茂兰保护区

- **分布**：常见。
- **生境**：生于海拔450—1000米的森林或灌丛中。

灌木，高3米。嫩枝纤细，密生短柔毛。叶薄革质，椭圆形，边缘密生细小尖锯齿。花腋生及顶生，白色，有苞片3—4片；苞片卵形或圆形，最长达2毫米，无毛，先端有睫毛；花萼杯状，萼片5，不等长，卵形至圆形，长1.5—3毫米，背无毛，边缘有睫毛；花冠白色，花瓣5—7，基部2—3毫米与雄蕊相结合，外侧2—3片倒卵形或圆形，有睫毛，内侧倒卵形；雄蕊长约10毫米；花柱长9—13毫米，先端极短3裂。果实有宿存苞片及萼片；蒴果圆球形，1—2室，每室有种子1—2粒，2—3片裂开，果爿薄。花期4月。

中国产于贵州、湖北、湖南、广西和四川。

花纯白色，可在园林绿化中孤植或丛植等，亦可盆栽或在花坛种植供观赏。

白辛树 Pterostyrax psilophyllus

安息香科 Styracaceae 白辛树属 *Pterostyrax*

　　乔木，高达15米。嫩枝被星状毛。叶纸质，长椭圆形至倒卵状长圆形，长5—15厘米，先端尖或渐尖，基部楔形，具细齿，近顶端有时具粗齿或3深裂；叶柄长1—2厘米。圆锥花序顶生或腋生，长10—15厘米；花长1—2厘米；花梗长约2毫米；花萼钟状，具5脉，萼齿披针形；花冠裂片长椭圆形或椭圆状匙形；雄蕊较花冠长，花丝宽扁，两面被疏柔毛；柱头稍3裂。果近纺锤形，连喙长约2.5厘米，5或10棱，密被灰黄色丝质长硬毛。

　　中国产于湖南、湖北、四川、贵州、广西和云南。

　　叶形奇特，花纯白色，具有极高的观赏价值，可作为行道树或园林绿化树种。

茂兰保护区

- **分布：**常见。
- **生境：**生于海拔600—1030米的湿润林中。

肉果秤锤树 *Sinojackia sarcocarpa*

安息香科 Styracaceae　　秤锤树属 *Sinojackia*

茂兰保护区

- **分布：** 常见。
- **生境：** 生于海拔约450米的林缘或疏林中。

乔木，高达7米。叶纸质，长3—9厘米，宽2—5厘米，边缘具锯齿，生于具花小枝基部的叶卵形而较小，长2—5厘米，宽1.5—2厘米；叶柄长约5毫米。总状聚伞花序生于侧枝顶端，有花3—5朵；花梗柔弱而下垂；萼管倒圆锥形，高约4毫米，外面密被星状短柔毛，萼齿5，披针形；花冠裂片长圆状椭圆形，顶端钝，两面密被星状绒毛；雄蕊10—14，花药长圆形；花柱线形，柱头不明显3裂。果实卵形，红褐色，皮孔不明显，无毛。花期3—4月，果期7—9月。

中国产于四川和贵州。

花和果都具有观赏价值，具有应用于园林景观设计的潜在价值。

京梨猕猴桃 Actinidia callosa var. henryi

狝猴桃科 Actinidiaceae　　狝猴桃属 *Actinidia*

　　小枝较坚硬，干后土黄色，洁净无毛。叶卵形或卵状椭圆形至倒卵形，长8—10厘米，宽4—5.5厘米，边缘锯齿细小，背面脉腋上有髯毛。果乳头状至矩圆圆柱状，长可达5厘米，是本种中果实最长最大者。

　　中国产于重庆、福建、甘肃、广西、贵州、河南、湖北、湖南、江西、陕西、四川、西藏、云南和浙江。

　　为良好的观花观果垂直绿化材料。在园林造景中可以装饰棚架、花廊等。

茂兰保护区

- **分布：**吉洞、洞湖、高望和甲良。
- **生境：**喜生于山谷溪涧边或其他湿润处。

水晶兰 **Monotropa uniflora**

杜鹃花科 Ericaceae　　水晶兰属 *Monotropa*

茂兰保护区

▪ **分布：** 少见。

▪ **生境：** 生于山地林下。

　　草本，腐生，茎直立，不分枝，全株无叶绿素，白色，肉质。根交结成鸟巢状。叶鳞片状，互生，长圆形，长1.4—1.5厘米，宽4—4.5毫米。花单一，顶生，花冠筒状钟形，长1.4—2厘米，直径1.1—1.6厘米；苞片鳞片状；萼片鳞片状；花瓣5—6，离生，长1.2—1.6厘米，上部最宽5.5—7毫米，有不整齐的齿，内侧具粗毛；雄蕊10—12，花丝有粗毛，花药黄色；花盘10齿裂；子房中轴胎座，5室，柱头漏斗状。蒴果椭圆状球形，长1.3—1.4厘米。花期8—9月，果期（9—）10—11月。

　　中国产于山西、陕西、甘肃、青海、浙江、安徽、台湾、湖北、江西、云南、四川、贵州和西藏。

　　植株整体晶莹剔透，在野外具有极高的观赏价值。

荔波杜鹃 Rhododendron liboense

杜鹃花科 Ericaceae　　杜鹃花属 *Rhododendron*

　　小乔木，高2—5米。小枝粗壮，无毛。叶片革质，椭圆状披针形，长10—15厘米，宽1.6—2.8厘米，基部楔形，先端锐尖，背面苍绿色，无毛；正面绿色，无毛，中脉背面突起，正面具槽；叶柄长1.7—2厘米，无毛。伞形花序顶生，7—9花；花梗长2.1—3.7厘米，无毛；花冠宽钟状，粉红色；雄蕊15，不等长，长2—4厘米，花丝基部密被短柔毛；子房具紧密的白色柔毛腺体，花柱无毛或具长腺毛，柱头头状。蒴果圆筒状椭圆形，密被腺体。花期3—4月，果期12月。

　　中国产于贵州。

　　花淡粉色，极具观赏价值，可作园林绿化植物。

茂兰保护区

- **分布：** 常见。
- **生境：** 生于海拔600—700米的近山顶处。

溪畔杜鹃 *Rhododendron rivulare*

杜鹃花科 Ericaceae　　杜鹃花属 *Rhododendron*

茂兰保护区

- **分布：** 少见。
- **生境：** 生于海拔约700米的山谷密林中。

常绿灌木，高达3米。幼枝被柔毛，老枝近无毛。叶纸质，卵状披针形或长圆状卵形，长5—9厘米，先端渐尖，基部圆，边有睫毛，背面淡黄褐色，被短刚毛；叶柄长0.4—1.2厘米，被毛。花芽圆锥状；伞形花序顶生，有花10朵以上；花梗长约1.5厘米，被毛；花萼裂片窄三角形，被毛；花冠漏斗状，紫红色，内面被微柔毛，5裂；雄蕊5；子房被刚毛。蒴果卵圆形，密被毛。花期4—6月，果期7—11月。

中国产于湖北、湖南、广东、广西、四川和贵州。

树形多变，花色艳丽，颇具观赏价值。在园林应用中适合用作盆花，以及用于专类园或花丛等。

瘤枝微花藤 Iodes seguinii

茶茱萸科 Icacinaceae   微花藤属 *Iodes*

木质藤本。小枝具皮孔，卷须黄绿色，侧生于节上。叶卵形或近圆形，长4—14厘米，宽3—10.5厘米，顶端钝至锐尖，基部心形，背面被硬伏毛；叶柄长0.5—2厘米，密被柔毛。腋生或侧生圆锥状伞房花序，密被锈色卷曲柔毛；雄花花萼4—5裂，长卵形，外面密被柔毛；花瓣4—5，卵形，外面密被柔毛；雄蕊5，花丝向基部渐粗，近基部里面具柔毛，花药卵形；子房不发育。果倒卵状长圆形，长1.8—2厘米，幼时黄绿色，熟时红色，密被伏柔毛。花期1—5月，果期4—6月。

中国产于贵州、广西和云南。

果实成熟后红色，具有观赏价值，是良好的园林观果藤本植物，可用于装饰棚架、篱笆等。

茂兰保护区

- **分布：**常见。
- **生境：**生于海拔约500米的林中。

桃叶珊瑚 *Aucuba chinensis*

丝缨花科 Garryaceae　　桃叶珊瑚属 *Aucuba*

茂兰保护区

- **分布：**尧兰和洞多。
- **生境：**生于海拔1000米以下的常绿阔叶林中。

小乔木或灌木。叶革质，椭圆形或阔椭圆形，长10—20厘米，先端钝尖，基部楔形，边缘微反卷，具锯齿或腺状齿；叶柄粗壮，长2—4厘米。圆锥花序顶生，花序梗被柔毛；雄花4数，绿色或紫红色，花萼先端齿裂，花瓣长3—4毫米，雄蕊长约3毫米，花盘肉质，微4棱，花梗被柔毛，苞片1，外侧被疏柔毛；雌花子房圆柱状，花柱粗壮，柱头微偏斜，小苞片2，边缘具睫毛，花下关节被毛。核果长1.4—1.8厘米，萼片、花柱及柱头均宿存顶端。花期1—2月。

中国产于福建、台湾、江西、湖南、广东、海南、广西、贵州和云南。

叶和果实具有观赏价值，是良好的耐阴园林绿化灌木，可列植在林下供观赏。

香果树 **Emmenopterys henryi**

茜草科 Rubiaceae　　香果树属 *Emmenopterys*

　　落叶大乔木。叶纸质或革质，长6—30厘米，宽3.5—14.5厘米，顶端短尖或骤渐尖，基部阔楔形，正面无毛或疏被糙伏毛，背面被柔毛或沿脉被柔毛，脉腋常有簇毛；叶柄长2—8厘米；托叶早落。圆锥状聚伞花序顶生；花芳香，具短梗；花萼近陀螺状，裂片顶端截平，脱落，但一些花的萼裂片中的1片扩大成叶状，色白而宿存于果上；花冠漏斗形，裂片近圆形；花丝被绒毛。蒴果圆状卵形或近纺锤形，无毛或有短柔毛，有纵细棱。种子多数，小而有阔翅。花期6—8月，果期8—11月。

　　中国产于陕西、甘肃、江苏、安徽、浙江、江西、福建、河南、湖北、湖南、广西、四川、贵州和云南。

　　树干高耸，花美丽，可作庭园观赏树。该种适应性强，病虫害少，亦可作街道绿化带树种。

茂兰保护区

- ▪ **分布：** 立化和板寨。
- ▪ **生境：** 生于海拔450—650米处的山谷林中，喜湿润而肥沃的土壤。

白花龙船花 Ixora henryi

茜草科 Rubiaceae　　龙船花属 Ixora

灌木，高达3米，全株无毛。叶纸质，对生，长圆形或披针形，长5—10厘米，宽1.5—3厘米，先端长渐尖或渐尖，基部楔形至阔楔形；叶柄长3—7毫米；具托叶，先端具芒尖。聚伞花序顶生，长6—8厘米，具苞片和小苞片；总花梗长5—15毫米；两侧花梗较中央长；萼管长1.8—2毫米，萼檐裂片三角形；花冠白色，干后变暗红色；花丝极短，花药突出冠管外；花柱长于冠管，柱头2，初时靠合，后叉开。果球形。花期8—12月。

中国产于广东、海南、广西、贵州和云南。越南也有分布。

花具有观赏价值，可作城市园林绿化灌木。

滇丁香 *Luculia pinceana*

茜草科 Rubiaceae　　滇丁香属 *Luculia*

　　灌木或乔木。叶纸质，长圆形至广椭圆形，顶端短渐尖或尾状渐尖，基部楔形或渐狭，全缘，中脉正面平坦，背面凸起；叶柄无毛或被柔毛；托叶三角形。伞房状的聚伞花序顶生，多花；苞片叶状，线状披针形；花芳香；萼管被毛，萼裂片近叶状，披针形；花冠红色或白色，高脚碟状，冠管细圆柱形，花冠裂片近圆形；雄蕊着生在冠管喉部，花药内藏或稍伸出；柱头与花柱相似，顶端2裂，内藏或稍伸出。蒴果近圆筒形或倒卵状长圆形，有棱，无毛或被柔毛。种子多数，近椭圆形，两端具翅。花果期3—11月。

　　中国产于广西、贵州、云南和西藏。印度、尼泊尔、缅甸、越南也有分布。

　　花期长，株形优美，可盆栽、园林绿化造景供观赏，亦可成片种植营造花海景观。

茂兰保护区

- **分布：**常见。
- **生境：**生于海拔600—800米处的山坡、山谷溪边的林中或灌丛中。

玉叶金花 Mussaenda pubescens

茜草科 Rubiaceae　玉叶金花属 *Mussaenda*

茂兰保护区

- **分布:** 板寨。
- **生境:** 生于海拔450—700米的灌丛、溪谷、山坡或村旁。

攀援灌木。叶对生或轮生，卵状长圆形或卵状披针形，长5—8厘米，先端渐尖，基部楔形，正面近无毛，背面密被柔毛；叶柄长3—8毫米，被柔毛；托叶三角形。聚伞花序顶生，密花；花梗极短或无梗；花萼被柔毛，萼筒陀螺形，萼裂片线形，比萼筒长2倍以上，花叶宽椭圆形，两面被柔毛；花冠黄色，冠筒长约2厘米，被贴伏柔毛，喉部密被毛，裂片长约4毫米；花柱内藏。浆果近球形，疏被柔毛。花期6—7月。

中国产于贵州、广东、香港、海南、广西、福建、湖南、江西、浙江和台湾。

可盆栽用于室内观赏，也可作为园林绿化灌木种于林缘。

大叶白纸扇 *Mussaenda shikokiana*

茜草科 Rubiaceae　　玉叶金花属 *Mussaenda*

攀援灌木，高达3米。小枝疏被贴伏柔毛，后无毛。叶对生，薄纸质，卵圆形或椭圆状卵形，长13—17厘米，宽7.5—11.5厘米，先端渐尖，基部短尖，两面被疏柔毛；叶柄长2—2.5厘米；托叶早落。多歧聚伞花序顶生，有多朵，具略贴伏柔毛；苞片早落，小苞片披针形，脱落；萼筒长圆形，贴伏长硬毛，萼裂片5，全为花瓣状花叶，花叶卵状椭圆形，边缘及脉上被柔毛；花冠筒密被贴伏柔毛，裂片5；花柱内藏。浆果近球形。花期5—7月，果期7—10月。

中国产于广东、广西、江西、贵州、湖南、湖北、四川、安徽、福建和浙江。

花具观赏价值，在城市绿化中可用来装饰绿篱、花坛等。

茂兰保护区

- ■ **分布：**莫干。
- ■ **生境：**生于海拔约450米的山地疏林下或路边。

新乌檀 *Neonauclea griffithii*

茜草科 Rubiaceae　　新乌檀属 *Neonauclea*

常绿乔木。叶厚纸质或近革质，倒卵形；叶柄长0.8—1.5厘米；托叶倒卵形或倒卵状长圆形。头状花序（不计花冠）径0.8—1.2厘米，具苞片；花萼管上部具苍白色柔毛，萼裂片密被苍白色毛，长3.5—4.5毫米；花冠窄漏斗形或高脚碟状，冠筒无毛，裂片长圆形，两面均无毛。果序直径20毫米；小蒴果被柔毛。花期9—12月，果期9—12月。

中国产于广西、贵州和云南。印度、缅甸和不丹也有分布。

树形挺拔、花、果均具有极高的观赏价值，可作行道树。

广西蛇根草 Ophiorrhiza kwangsiensis

茜草科 Rubiaceae　蛇根草属 *Ophiorrhiza*

匍匐草本，茎和分枝稍纤细，干时黄褐色。叶纸质，心状卵形，长0.8—2厘米，宽0.7—1.5厘米，全缘；叶柄纤细。花序顶生，有花多朵，分枝短、螺状，花柱异长，有短柱花与长柱花二型；花梗长达1毫米；萼管陀螺状，有不明显的5棱，萼裂片5，近披针形；花冠淡黄色，管状漏斗形，裂片5，卵状三角形，背面有直棱，近顶部有距状附属体；雄蕊5，花丝长约1.5毫米，花药长约2毫米；花柱长约3毫米，柱头2，长圆状线形，薄。蒴果长约2.5毫米，宽6—7毫米。花期早春。

中国产于贵州和广西。

花色清新，可种植在花坛边缘或林下，是良好的地被植物。

茂兰保护区

■ **分布：**吉洞。

■ **生境：**生于林下阴湿处。

驳骨九节 *Psychotria prainii*

茜草科 Rubiaceae　　九节属 *Psychotria*

茂兰保护区

▪ **分布：** 高望。

▪ **生境：** 生于山坡或山谷溪边林中或灌丛，常见于岩石上。

　　直立灌木，高0.5—2米，嫩枝、叶背面、叶柄、托叶外面和花序均被暗红色的皱曲柔毛。叶对生，常较密聚生于枝顶，长3—15厘米，宽1.3—6.5厘米，全缘；叶柄长0.2—2.2厘米；托叶近卵形。聚伞花序顶生，密集成头状；总花梗极短；花密集，近无花梗；萼管长约1.5毫米，花萼裂片狭披针形；花冠白色，裂片三角状卵形；雄蕊着生在喉部，花药稍伸出；花柱长约2毫米，稍粗。核果椭圆形，长5—8毫米，直径4—5毫米，红色，具纵棱，顶冠以宿萼。花期5—8月，果期7—11月。

　　中国产于贵州、广东、广西和云南。泰国也有分布。

　　株形优美，叶色翠绿，可作庭园观赏树种。

毛钩藤 Uncaria hirsuta

茜草科 Rubiaceae　钩藤属 *Uncaria*

　　藤本，长达5米。幼枝近圆柱形或具4棱角，初时与钩同被粗毛，后无毛。叶革质，对生，椭圆形或卵状披针形，长8—12厘米，宽4—7厘米，先端渐尖，基部圆形或浅心形，叶正面粗糙或近无毛，背面被疏长粗毛；叶柄长约5毫米；托叶2裂。头状花序，单生叶腋，球形；总花梗被毛，中部着生苞片6枚；花5数；花冠淡黄色或淡红色，外被粗毛。蒴果纺锤形，有短柔毛。

　　中国产于台湾、福建、广东、广西和贵州。

　　可作为垂直绿化材料，用来装饰篱笆等，花可供观赏。

茂兰保护区

- **分布：** 三岔河和尧兰。
- **生境：** 生于山谷林下、溪畔或灌丛中。

獐牙菜 Swertia bimaculata

龙胆科 Gentianaceae 獐牙菜属 Swertia

茂兰保护区

■ **分布：** 常见。

■ **生境：** 生于海拔450—600米的河滩、山坡草地、林下、灌丛中、沼泽地。

一年生草本。基生叶花期枯萎；茎生叶椭圆形或卵状披针形，长3.5—9厘米，宽1—4厘米，先端长渐尖，基部楔形，近无柄。圆锥状复聚伞花序疏散，长达50厘米；花5数；花萼绿色，裂片窄倒披针形，长3—6毫米，边缘白色膜质，常外卷；花冠黄色，上部具紫斑，裂片椭圆形，长1—1.5厘米，中部具2个黄绿色、半圆形大腺斑；花丝线形，长5—6.5毫米；花柱短。蒴果窄卵圆形，长达2.3厘米。种子被瘤状突起。花果期6—11月。

中国产于西藏、云南、贵州、四川、甘肃、陕西、山西、河北、河南、湖北、湖南、江西、安徽、江苏、浙江、福建、广东和广西。

花具有观赏价值，可盆栽供观赏或用于花境布置。

双蝴蝶 **Tripterospermum chinense**

龙胆科 Gentianaceae　　双蝴蝶属 *Tripterospermum*

　　多年生缠绕草本。基生叶常2对，卵形、倒卵形或椭圆形，长3—12厘米，先端尖或尾状，基部圆；茎生叶卵状披针形，长5—12厘米，先端渐尖或尾状，基部心形或近圆形，叶柄扁平，长0.4—1厘米。聚伞花序具花2—4朵，稀单花，腋生；花梗短；萼筒长0.9—1.3厘米，具窄翅或无翅，裂片线状披针形，长6—9毫米；花冠蓝紫色或淡紫色，钟形，长3.5—4.5厘米，裂片卵状三角形，长5—7毫米；裙半圆形，色较淡乳白色，长1—2毫米，先端浅波状；花柱长0.8—1.1厘米。蒴果椭圆形，长2—2.5厘米，果柄长1—1.5厘米。种子淡褐色，近圆形，径约2毫米，具盘状双翅。花果期10—12月。

　　中国产于江苏、安徽、浙江、福建、江西、湖北、贵州、广东、广西、河南、陕西和甘肃。

　　可作庭园观花垂直绿化材料，用于篱笆的布置；也可盆栽供观赏。

茂兰保护区

- **分布：**洞多。
- **生境：**生于海拔450—700米的山坡林下、林缘、灌丛或草丛中。

钩吻 Gelsemium elegans

钩吻科 Gelsemiaceae   钩吻属 *Gelsemium*

茂兰保护区

- **分布：** 平寨和立化。
- **生境：** 生于海拔450—650米的山地路旁灌木丛中或潮湿肥沃的丘陵山坡疏林下。

　　常绿木质藤本，长3—12米，除苞片边缘和花梗幼时被毛外，全株均无毛。叶片膜质，长5—12厘米，宽2—6厘米，顶端渐尖。花密集，组成顶生和腋生的三歧聚伞花序；花梗纤细；花萼裂片卵状披针形；花冠黄色，漏斗状，长12—19毫米，内面有淡红色斑点，花冠裂片卵形；雄蕊着生于花冠管中部，花丝细长，花药伸出花冠管喉部之外；子房卵状长圆形。蒴果卵形或椭圆形，未开裂时明显地具有2条纵槽，成熟时通常黑色。种子扁压状或肾形。花期5—11月，果期7月至翌年3月。

　　中国产于福建、广东、广西、贵州、海南、湖南、江西、台湾、云南、浙江。印度、印度尼西亚、老挝、马来西亚、缅甸北部、泰国北部和越南也有分布。

　　花期较长，花朵黄色，可作篱植供观赏。

轮叶白前 Cynanchum verticillatum

夹竹桃科 Apocynaceae 鹅绒藤属 *Cynanchum*

　　直立半灌木，高达40厘米，茎不分枝或从根部分枝若干，除茎及花序被微毛外，其余无毛。叶3—6片轮生，线状披针形，长9—12厘米，宽8—10毫米，两端渐尖。伞形或伞房状聚伞花序近顶生或生于最高的叶腋内及腋间，着花6至10余朵；花白色；花萼内面有腺体几个；花冠辐状，花冠筒极短，裂片5，镊合状排列或略为向右覆盖；副花冠裂片三角形，先端渐尖，高过花药；花粉块每室1个，长圆形，下垂；柱头略为凸起。蓇葖果单生，狭披针形，先端渐尖。花期5—7月，果期10月。

　　中国产于四川、云南、广西、湖北和贵州。

　　花具有一定的观赏价值，可种植在花坛边缘供观赏。

茂兰保护区

- **分布：**常见。
- **生境：**生于海拔600米以下的山谷、湿地或沙土中。

黄花球兰 Hoya fusca

夹竹桃科 Apocynaceae　球兰属 Hoya

茂兰保护区

- **分布：**常见。
- **生境：**生于海拔500—680米的山谷湿润处。

全株除花冠内面被微毛外，其余无毛。叶长圆状椭圆形，长10—13厘米，宽2.5—4.5厘米，顶端渐尖，基部宽楔形，侧脉约10对，几平行，未到叶缘即网结；叶柄长约1厘米。聚伞花序伞形状，着生于枝的顶端叶腋内，着花约20朵；花序梗长约2.5厘米；花梗长约2厘米；花萼裂片顶端钝，卵圆形；花冠直径约8毫米，黄色；副花冠短，裂片顶端钝，上面陷凹，内角顶端具1下弯的距与花药等长。蓇葖果线状披针形，长约13厘米，直径约6毫米。花期5—9月，果期10月至翌年1月。

中国产于西藏、贵州、云南和广西。尼泊尔、印度、老挝、越南和柬埔寨也有分布。

花极具观赏价值，可在室内盆栽供观赏。

荷秋藤 **Hoya griffithii**

夹竹桃科 Apocynaceae   球兰属 *Hoya*

　　附生攀援灌木，无毛。节间长5—25厘米，生气根。叶披针形至长圆状披针形，长11—14厘米，宽2.5—4.5厘米，两端急尖，干后灰白色而缩皱；叶柄粗壮，长1—3厘米。伞形聚伞花序腋生；总花梗长5—7厘米；花白色；花冠裂片宽卵形或略作镰刀形；副花冠裂片肉质，中陷，外角圆形；花粉块每室1个，直立。蓇葖果狭披针形。种子顶端具白色绢质种毛。花期8月。

　　中国产于云南、广西、广东和贵州。

　　花极具观赏价值，可在室内盆栽供观赏。

茂兰保护区

- **分布：** 翁昂和石上森林。
- **生境：** 生于海拔450—800米的疏、密林中，附生于大树上。

荔坡球兰 Hoya lipoensis

夹竹桃科 Apocynaceae 球兰属 *Hoya*

茂兰保护区

- **分布：**常见。
- **生境：**生于海拔900米左右的林中。

附生灌木，全株无毛。茎长达1.5米。叶片长圆状椭圆形，长9—15厘米，宽3—5厘米，基部楔形，先端尾状具一尾约1.5厘米，侧脉10—12对，正面明显，背面不明显；叶柄长约1厘米。花序梗约2.5厘米。果梗约2厘米；蓇葖果线状披针形，长约15.5厘米。种子长约5毫米，宽约2.5毫米。

中国产于贵州。

花极具观赏价值，可在室内盆栽供观赏。

香花球兰 Hoya lyi

夹竹桃科 Apocynaceae　球兰属 *Hoya*

　　附生藤状灌木。茎被黄毛。叶薄革质，椭圆状披针形至椭圆形，有时倒披针形，长7—10厘米，宽2—3厘米，顶端短渐尖至钝形，基部楔形至狭圆形，具小叶，两面均被黄色长柔毛，叶面略稀疏；叶柄亦被黄色长柔毛。伞形聚伞花序腋生，长达9厘米；花白色，有香味；副花冠星状，其裂片的外角圆形。花期9—12月。

　　中国产于云南、贵州、四川和广西。

　　花白色，花形可爱，气味芳香，可在室内盆栽供观赏。

茂兰保护区

- **分布**：石上森林。
- **生境**：生于海拔1000米以下山地密林中，附生于大树上或岩石上。

薄叶球兰 *Hoya mengtzeensis*

夹竹桃科 Apocynaceae 球兰属 *Hoya*

茂兰保护区

- **分布：** 石上森林。
- **生境：** 生于杂木林中及攀缘于岩石上。

半灌木附生在石上生根，除花冠内面被长柔毛外，其余无毛。叶较薄，披针形，长6—11厘米，宽1.5—2厘米，顶端渐尖，基部渐狭，向叶柄下延，中脉下陷；叶柄顶端具2—3个小腺体，长1—2厘米。花序腋生，伞房状聚伞花序，着花20朵或更多；总花梗长6—8厘米，无毛；花梗长约2厘米；花蕾卵圆形；花萼无毛，5深裂；花冠直径1—1.5厘米，外面无毛，内面具长柔毛；副花冠黄亮，裂片外角圆形；花粉块及雌蕊与属的特征相同。蓇葖果单生，线状披针形，长约17厘米，直径约5毫米，外果皮无毛。花期7月。

中国产于广西、贵州和云南。

花极具观赏价值，可在室内盆栽供观赏。

毛球兰 *Hoya villosa*

夹竹桃科 Apocynaceae　　球兰属 *Hoya*

　　附生藤本。茎被长柔毛，粗壮。叶长圆形，长8—10厘米，宽4—5厘米，先端具短尖头，基部圆形，两面均被长柔毛；叶柄长1.5—2厘米，被长柔毛。伞形花序腋生，具花达20朵以上；花序梗被长柔毛，长5—7厘米；花梗长约1厘米，被长柔毛；花萼裂片圆形，密被长柔毛；花冠裂片三角形，长和宽均约4毫米，内面被柔毛；副花冠裂片厚，外角圆形，内角尖或短渐尖上面凸起，下面中空；花粉块两端圆形，边缘透明。蓇葖果短圆柱状，外果皮密被黄色茸毛。种子线状长圆形，具淡黄色绢质种毛。花期4—6月，果期9月至翌年3月。

　　中国产于贵州、云南和广西。老挝、越南和柬埔寨也有分布。

　　花极具观赏价值，可在室内盆栽供观赏。

茂兰保护区

- **分布：** 捞村。
- **生境：** 生于海拔450—600米的山谷、疏林下岩石上。

尖山橙 *Melodinus fusiformis*

夹竹桃科 Apocynaceae　　山橙属 *Melodinus*

茂兰保护区

▪ **分布：** 少见。

▪ **生境：** 生于海拔450—700米的山地疏林中或山坡路旁、山谷水沟旁。

　　粗壮木质藤本，具乳汁，茎皮灰褐色，幼枝、嫩叶、叶柄、花序被短柔毛，老渐无毛。叶近革质，长4.5—12厘米，宽1—5.3厘米，端部渐尖；叶柄长4—6毫米。聚伞花序生于侧枝的顶端，着花6—12朵，比叶为短；花序梗、花梗、苞片、小苞片、花萼和花冠均疏被短柔毛；花梗长0.5—1厘米；花萼裂片卵圆形；花冠白色，偏斜不正；副花冠呈鳞片状在花喉中稍为伸出；雄蕊着生于花冠筒的近基部。浆果橙红色，椭圆形。花期4—9月，果期6月至翌年3月。

　　中国产于贵州、广东和广西。

　　是良好的观花藤本植物，可作垂直绿化材料，在园林绿化中可以用来装饰花廊、篱笆等。

大花杠柳 **Periploca tsangii**

夹竹桃科 Apocynaceae   杠柳属 *Periploca*

藤本灌木，长约4米。叶狭披针形，长2—6毫米，宽0.3—1.2毫米，先端渐尖，基部楔形。聚伞花序腋生或顶生，1—6花；花萼长约1毫米；花冠紫红色，轮状，筒长约1毫米，裂片线状披针形，长1.1—1.3厘米，外侧被微柔毛，内侧沿中脉被微柔毛。

中国产于广西和贵州。

花具有观赏价值，可作垂直绿化材料布置篱笆等。

茂兰保护区

- **分布：** 石上森林。
- **生境：** 生于林中。

紫花络石 Trachelospermum axillare

夹竹桃科 Apocynaceae　　络石属 *Trachelospermum*

茂兰保护区

- **分布：**董港。
- **生境：**生于山谷、疏林中或水沟边。

粗壮木质藤本。茎具皮孔。叶厚纸质，倒披针形至长椭圆形，长8—15厘米，宽3—4.5厘米，顶端尖尾状，基部楔形；叶柄长3—5毫米。聚伞花序，腋生或顶生；花梗长3—8毫米；花紫色；花萼5裂，花冠筒内约具10个腺体；花冠高脚碟状；雄蕊5，着生于花冠筒基部，花药内藏；花柱线形，柱头近头状；子房卵圆形。蓇葖果2个平行粘生，无毛，果皮厚。种子不规则卵形、扁平，顶端具种毛。

中国产于浙江、江西、福建、湖北、湖南、广东、广西、云南、贵州、四川和西藏。

是良好的观花藤本植物，可种植在庭园墙角用来装饰墙壁。

络石 **Trachelospermum jasminoides**

夹竹桃科 Apocynaceae　　络石属 *Trachelospermum*

常绿木质藤本，长达10米，具乳汁。茎赤褐色。叶革质或近革质，长2—10厘米，宽1—4.5厘米；叶柄短；叶柄内和叶腋外腺体钻形，长约1毫米。二歧聚伞花序腋生或顶生，花多朵组成圆锥状，与叶等长或较长；花白色，芳香；总花梗长2—5厘米；苞片及小苞片狭披针形；花萼5深裂；花蕾顶端钝；雄蕊着生在花冠筒中部，花药箭头状，基部具耳，隐藏在花喉内；子房无毛，花柱圆柱状。种子褐色，线形，顶端具白色绢质种毛；种毛长1.5—3厘米。花期3—7月，果期7—12月。

中国产于山东、安徽、江苏、浙江、福建、台湾、江西、河北、河南、湖北、湖南、广东、广西、云南、贵州、四川和陕西。日本、朝鲜和越南也有分布。

花朵美丽，可种于林下作地被植物，也可用于高速公路两旁护坡，亦可庭园栽培供观赏。

茂兰保护区

- **分布**：莫干。
- **生境**：生于山野、溪边、路旁、林缘或杂木林中，常缠绕于树上或攀缘于墙壁上、岩石上。

飞蛾藤 **Dinetus racemosus**

旋花科 Convolvulaceae　　飞蛾藤属 *Dinetus*

茂兰保护区

▪ **分布：**常见。

▪ **生境：**生于海拔450—1000米
的山沟、灌木林边或路旁荒坡。

多年生攀援灌木。茎缠绕，圆柱形，幼时被毛。叶片卵形，互生，长6—11厘米，宽5—10厘米，先端渐尖或尾状，基部深心形，两面具柔毛；叶柄长5—11厘米，被疏毛至无毛。圆锥花序腋生；苞片抱茎；小苞片钻形；花柄长3—6毫米；萼片5，线状披针形；花冠漏斗形，白色，管部带黄色，5裂至中部；雄蕊5，花丝短于花药；子房无毛，花柱1，柱头棒状，2裂。蒴果卵形，具小短尖头，无毛。种子1粒，卵形，暗褐色或黑色。花期9月。

中国产于浙江、湖北、广东、广西、四川、云南和贵州。

花具观赏价值，可作垂直绿化材料，用于篱笆等的绿化。

多花梣 **Fraxinus floribunda**

木樨科 Oleaceae　梣属 *Fraxinus*

落叶大乔木，高达25米。树皮平滑，灰黑色。顶芽密被褐色短绒毛，三角状圆锥形，内鳞片被棕色茸毛。小枝具皮孔，黑褐色。小叶7—9，薄革质，长8—12厘米，宽3—6厘米，先端渐尖至尾状渐尖，基部阔楔形，边缘具齿，初被柔毛、淡黄色毡毛及红色糠秕状毛，渐脱落。花梗丝状，长约3毫米；花萼杯状，平截，上部膜质，长约1毫米；花冠白色，裂片匙形，长约1毫米。翅果被红色糠秕状毛。花期2—4月，果期7—10月。

中国产于广东、广西、贵州、云南和西藏。尼泊尔、不丹、克什米尔地区、印度、缅甸、泰国、老挝、越南也有分布。

树形挺拔，枝繁叶茂，花淡白色，可作为观赏树木，具有当作园林绿化树种的潜在价值。

茂兰保护区

■ **分布：** 常见。

■ **生境：** 生于海拔1000米以下的山谷密林中。

苦枥木 **Fraxinus insularis**

木樨科 Oleaceae　　梣属 *Fraxinus*

茂兰保护区

- **分布：** 高望。
- **生境：** 生于山地、河谷等处。

落叶大乔木，高20—30米，胸径30—85厘米。树皮灰色，平滑。嫩枝扁平，细长而直，节膨大。羽状复叶，叶轴平坦；小叶5—7，长圆形，长6—9厘米，宽2—3.5厘米；小叶柄纤细，长1—1.5厘米。圆锥花序，多花，叶后开放；花序基部有时具叶状苞片；花梗丝状，长约3毫米；花芳香；花萼钟状，齿截平，上方膜质；花冠白色，裂片匙形；雄蕊伸出花冠外；雌蕊长约2毫米，花柱与柱头近等长，柱头2裂。翅果红褐色，长匙形；花萼宿存。花期4—5月，果期7—9月。

中国产于安徽、福建、甘肃、广东、广西、贵州、海南、湖北、湖南、江苏、江西、陕西、四川、台湾、云南和浙江。日本也有分布。

树干挺拔，具有观赏性；适应性强，在园林绿化中可用作行道树。

扭肚藤 Jasminum elongatum

木樨科 Oleaceae　　素馨属 *Jasminum*

　　攀援灌木，高达7米。小枝具短柔毛至黄褐色绒毛。单叶对生，纸质，卵形至卵状披针形，长3—11厘米，宽2—5.5厘米，顶端短尖或锐尖，基部圆形至微心形，两面被短柔毛，或仅背面脉上被毛；叶柄长2—5毫米。聚伞花序顶生或腋生于侧枝顶端，花数朵；苞片线形或卵状披针形；花梗被黄色绒毛或短柔毛；花微香；花萼被柔毛，裂片6—8，边缘具睫毛；花冠白色，高脚碟状，花冠管长2—3厘米，裂片披针形，6—9。果长圆形或卵圆形，黑色。花期4—12月，果期8月至翌年3月。

　　中国产于广东、海南、广西、贵州和云南。越南、缅甸至喜马拉雅山一带也有分布。

　　花芳香且美丽，在园林绿化中可在草坪中单植供观赏，也可装饰花廊等。

茂兰保护区

▪ **分布**：青龙潭。

▪ **生境**：生于海拔850米以下的灌丛、林中。

清香藤 Jasminum lanceolaria

木樨科 Oleaceae　　素馨属 *Jasminum*

茂兰保护区

- **分布：**吉洞、高望和立化。
- **生境：**生于海拔450—800米的山坡灌丛。

攀援灌木，无毛或被短柔毛。小枝圆柱状。叶对生或近对生，具3小叶；叶柄1—4.5厘米，无毛至被微柔毛；小叶叶片椭圆形，革质，基部圆形或楔形，先端钝或尾状；顶生小叶柄稍长或等长于侧生小叶柄，长0.5—4.5厘米。圆锥状复聚伞花序，顶生或腋生，开阔或密集多花；苞片线形；花萼管状，在果期扩大；裂片三角形或近截形；花冠白色，高脚碟状，筒部1.7—3.5厘米；裂片4或5，披针形至长圆形。浆果黑色，球状椭圆形。花期4月至10月，果期6月至翌年3月。

中国产于贵州、安徽、湖南、江西、福建、广东、广西、云南和浙江。

花纯白色，可用于篱垣、花架、阳台等的绿化，也可作地被植物避免地表裸露，丰富园林景观。

密花素馨 Jasminum tonkinense

木樨科 Oleaceae　　素馨属 Jasminum

　　攀援灌木，高达7米。小枝扁平，节处稍膨大，被短柔毛。单叶，对生，纸质，卵形至披针形，长3.5—15厘米，宽1—8厘米，顶端锐尖至尾状渐尖，基部钝或楔形，两面脉上微被毛；叶柄近中部具关节，具沟和被短柔毛。头状或圆锥状聚伞花序密集着生于短侧枝上端或枝顶，具花数朵；花序基部被卵形苞片，其余线形；花梗短或缺，被短柔毛；花芳香；花萼外面无毛或疏被短柔毛，内面被短柔毛，裂片具睫毛；花冠白色，高脚碟状，裂片5—9，窄披针形；花柱异长。果椭圆形或圆柱形，黑色。花期11月至翌年5月，果期4—6月。

　　中国产于广西、云南和贵州。越南、缅甸、孟加拉国和印度也有分布。

　　花朵秀丽芳香，可栽植于庭园观赏，也可作垂直绿化材料。

茂兰保护区

- **分布**：常见。
- **生境**：生于海拔约600米的林中、灌丛及峡谷中。

蜡子树 Ligustrum leucanthum

木樨科 Oleaceae 女贞属 *Ligustrum*

茂兰保护区

- **分布：** 常见。
- **生境：** 生于海拔450—700米的山涧常绿阔叶林下，溪边、沟旁林下阴湿处，石缝中。

　　落叶灌木或小乔木，高约1.5米。小枝常开展，被硬毛、柔毛或无毛。叶片椭圆形或披针形，长4—7厘米，宽2—3厘米，先端短渐尖或钝，基部楔形或近圆形，两面疏被柔毛或无毛，沿中脉被硬毛或柔毛；叶柄被硬毛、柔毛或无毛，长1—3毫米。花序轴被硬毛、柔毛或无毛；花梗长小于2毫米；花萼长1.5—2毫米，被微柔毛或无毛；花冠长0.6—1厘米，花冠管长4—7毫米，裂片卵形，长2—4毫米，稀具睫毛，近直立；花药宽披针形，长约3毫米，达花冠裂片1/2—2/3处。果成熟时蓝黑色，宽长圆形或近球形，长0.5—1厘米。花期6—7月，果期8—11月。

　　中国产于陕西、甘肃、江苏、安徽、浙江、江西、福建、湖北、湖南、贵州和四川。

　　良好的园林观果灌木。在园林应用中可通过孤植、群植等配植方式构建景观。

小蜡 **Ligustrum sinense**

木樨科 Oleaceae　　女贞属 *Ligustrum*

　　落叶灌木或小乔木。幼枝被黄色柔毛，老时近无毛。叶纸质或薄革质，卵形、长圆形或披针形，长2—7厘米，宽1—3厘米，先端尖或渐尖，基部宽楔形，两面疏被柔毛或无毛；叶柄被柔毛，长2—8毫米。花序塔形，花序轴被较密黄色柔毛或近无毛，基部有叶；花梗长1—3毫米；花萼长1—1.5毫米，无毛；花冠长3.5—5.5毫米，裂片长于花冠筒；雄蕊等于或长于花冠裂片。果近球形。花期3—6月，果期9—12月。

　　中国产于江苏、浙江、安徽、江西、福建、台湾、湖北、湖南、广东、广西、贵州、四川和云南。越南也有分布。

　　树干挺拔，叶色浓绿，可用于城市绿化。

茂兰保护区

- **分布：**高望。
- **生境：**生于海拔450—760米的山坡、山谷、溪边、河旁、路边的密林、疏林或混交林中。

光叶苣苔 Glabrella mihieri

苦苣苔科 Gesneriaceae　　光叶苣苔属 *Glabrella*

茂兰保护区

- **分布：**常见。
- **生境：**生于海拔约650米的阴湿岩石上。

　　多年生草本。叶片革质，倒卵形，顶端圆钝，基部楔形，边缘具小牙齿；叶柄盾状着生。聚伞花序腋生，具1—4花；花序梗长8—17厘米；苞片2；花梗细，长2—3厘米；花萼5裂至近基部，裂片狭披针形，全缘，具3脉；花冠粗筒状，下方肿胀，蓝紫色或淡紫色，内面具淡褐色斑纹；上雄蕊长约1.6厘米，下雄蕊长约1.7厘米，药室不汇合；退化雄蕊长约1毫米；花盘环状，边缘波状；雌蕊被短柔毛，柱头2，长圆形，长约2毫米。蒴果倒披针形。花期10月，果期11月。

　　中国产于贵州、四川和广西。

　　叶色浓绿，花色淡雅，可室内盆栽供观赏。

大苞半蒴苣苔 Hemiboea magnibracteata

苦苣苔科 Gesneriaceae　　半蒴苣苔属 *Hemiboea*

　　草本。茎30—60厘米或更高，具棕色斑点，单生，具3—5节。叶片宽椭圆形至倒卵形；叶柄1—3厘米。聚伞花序5—7花；花序梗长1—1.5厘米，无毛；总苞直径2.5—3厘米，外面无毛；花萼长2—2.5厘米，在中部以上5浅裂；裂片等长，三角状卵形，外面和边缘无毛；花冠白色，被微柔毛，里面浅黄色，具紫色斑点，约4.5厘米；筒部约3.5厘米；正面的唇约8毫米；背面的唇约1厘米；花药长约4毫米；退化雄蕊2，长约8毫米；雌蕊长约2.5厘米，无毛。蒴果2—2.5厘米。花期8月，果期9—10月。

　　中国产于广西和贵州。

　　花叶美观，耐阴，非常适合用于林下地被造景。

茂兰保护区

■ **分布：**常见。

■ **生境：**生于海拔500—700米的山地。

单座苣苔 Hemiboea ovalifolia

苦苣苔科 Gesneriaceae　　半蒴苣苔属 *Hemiboea*

茂兰保护区

- **分布：** 常见。
- **生境：** 生于林下。

多年生草本。茎高20—40厘米，被褐色长柔毛。叶片草质卵形，顶端渐尖，基部斜圆形，边缘有浅波状小钝齿；叶柄长0.3—7厘米。聚伞花序5—12花，生于上部叶腋，有长梗；花序梗被褐色腺毛；花梗被短柔毛；萼裂片顶端微钝，有3—5条脉；花冠白色，筒长约2.7厘米，下面稍膨胀，上唇2裂，裂片斜正三角形，下唇3浅裂，中裂片宽卵形，侧裂片斜三角形；雄蕊花药长约3.5毫米；退化雄蕊3；花盘高约1毫米，边缘波状；雌蕊长约2.5厘米，花柱长约16毫米，柱头小。蒴果线形。花期10月。

中国产于广西和贵州。

该种株形、花形均具观赏价值，可作路边、林荫下、林缘等阴湿环境的地被植物。

半蒴苣苔 **Hemiboea subcapitata**

苦苣苔科 Gesneriaceae　　半蒴苣苔属 *Hemiboea*

多年生草本。茎高达40厘米，散生紫褐色斑点，具4—7节。叶对生，稍肉质，干时草质，椭圆形至倒卵状披针形，长3—12厘米，宽1.4—8厘米，全缘或具齿，无毛或正面疏生短柔毛，钟乳体狭条形；叶柄长达5.5厘米。聚伞花序腋生或假顶生，具3至10余花；萼片5，长椭圆形；花冠白色，具紫斑，上唇2浅裂，下唇3浅裂。蒴果线状披针形，多少弯曲。花期9—10月，果期10—12月。

中国产于陕西、甘肃、浙江、江西、湖北、湖南、广东、广西、四川、贵州和云南。

花具观赏价值，可作林下地被植物，也可用于花境布置。

茂兰保护区

- **分布：**常见。
- **生境：**生于海拔450—1000米的山谷林下石上或沟边阴湿处。

吊石苣苔 Lysionotus pauciflorus

苦苣苔科 Gesneriaceae 吊石苣苔属 Lysionotus

茂兰保护区

- **分布：** 高望、吉洞和洞湖。
- **生境：** 生于海拔450—700米的丘陵或山地林中或阴处石崖上或树上。

小灌木。茎长7—30厘米。叶3片轮生，叶片革质，形状变化大，边缘在中部以上有少数小齿。花序有1—2花；花序梗纤细；苞片披针状线形；花梗长3—10毫米；花萼长3—4毫米，5裂达或近基部；裂片狭三角形；花冠白色带淡紫色条纹，长3.5—4.8厘米，筒细漏斗状，上唇长约4毫米，2浅裂，下唇长约10毫米，3裂；雄蕊狭线形，长约12毫米，花药直径约1.2毫米；退化雄蕊3；花盘杯状，有尖齿；雌蕊无毛。蒴果线形，长5.5—9厘米。种子纺锤形，毛长1.2—1.5毫米。花期7—10月。

中国产于云南、广西、广东、贵州、福建、台湾、浙江、江苏、安徽、江西、湖南、湖北、四川和陕西。

花色美丽，可室内盆栽供观赏。

长瓣马铃苣苔 Oreocharis auricula

苦苣苔科 Gesneriaceae　　马铃苣苔属 *Oreocharis*

多年生草本。叶长圆状椭圆形，长2—8.5厘米，两面均被毛，侧脉每边7—9条；叶柄长2—4厘米。花序梗被褐色绢状绵毛；聚伞花序2次分枝，2—5条，每花序具4—11花；花序梗长6—12厘米；苞片长圆状披针形；花萼裂片长圆状披针形；花冠细筒状，蓝紫色，外面被短柔毛，筒部与檐部等长或稍长，喉部缢缩，近基部稍膨大；檐部二唇形，上唇裂至中下部，5裂片近相等，近窄长圆形；上雄蕊长于下雄蕊；花盘近全缘；柱头1，盘状。蒴果。花期6—7月，果期8月。

中国产于广东、广西、江西、湖南、贵州和四川。

花色和株形均具观赏价值，可种在庭园假山上，用于假山造景。

茂兰保护区

- **分布：** 常见。
- **生境：** 生于海拔450—1000米的山谷、沟边及林下潮湿岩石上。

白花蛛毛苣苔 *Paraboea glutinosa*

苦苣苔科 Gesneriaceae 蛛毛苣苔属 *Paraboea*

茂兰保护区

- **分布：**石上森林。
- **生境：**生于海拔450—1000米的山坡岩石上。

多年生草本。茎高约40厘米，被灰褐色蛛丝状绵毛。叶对生，叶片狭长圆形；叶柄长3—7厘米。聚伞花序顶生或腋生；花序梗及花梗均被蛛丝状绵毛；苞片2；花萼5，自基部分裂；裂片披针形至狭三角形；花冠白色，长1—2厘米，外面无毛，筒部长5—6毫米；檐部二唇形，上唇比下唇短，2裂，裂片相等，长2—3毫米，下唇3裂，裂片近相等，长2.5—4.5毫米；花丝无毛，花药3—4毫米；退化雄蕊2；雌蕊无毛，子房4—5毫米，花柱3—4毫米。蒴果长3.5—4.5厘米，无毛。花期6—8月，果期8月。

中国产于贵州、广西和云南。

花白色，可室内盆栽供观赏，也可种植在庭园假山上，用于假山造景。

蛛毛苣苔 **Paraboea sinensis**

苦苣苔科 Gesneriaceae   蛛毛苣苔属 *Paraboea*

　　小灌木。茎常弯曲，节间短。叶对生，长圆形，长5.5—25厘米，宽2.4—9厘米，边缘具小钝齿或近全缘；叶柄长达6厘米，具毡毛。聚伞花序伞状，成对腋生，具数花；花序梗密被毡毛；苞片2；花梗具绵毛；花萼绿白色或带紫色，5裂；花冠紫蓝色；檐部稍二唇形，上唇2裂，下唇3裂；雄蕊2，花丝无毛，花药大；退化雄蕊1或3；无花盘；雌蕊无毛，内藏；子房长圆形，花柱圆柱形，柱头1，头状。蒴果线形，无毛，螺旋状卷曲。种子狭长圆形。花期6—7月，果期8月。

　　中国产于湖北、湖南、广西、云南、贵州和四川。

　　花具观赏价值，可用于布置花坛或种植在林下用作地被植物。

茂兰保护区

- **分布：**必达。
- **生境：**生于山坡林下石缝中或陡崖上。

三苞蛛毛苣苔 *Paraboea tribracteata*

苦苣苔科 Gesneriaceae　蛛毛苣苔属 *Paraboea*

茂兰保护区

▪ **分布**：水尧。
▪ **生境**：生于林下。

草本。叶基生，无梗，狭倒披针形，长9—13.5厘米，宽1.7—2.4厘米，两面均具绵毛，基部渐狭，边缘具细锯齿，顶端锐尖。聚伞花序腋生；花序梗12—14厘米，无毛；苞片3；花梗4—10毫米；花萼自基部5裂；花冠红色，长约9毫米，筒部长约5毫米；正面的唇约3.5毫米；背面的唇约4毫米，裂片约4毫米宽；花丝无毛，花药长约4毫米；退化雄蕊2；雌蕊无毛，子房长约5毫米，花柱长约3毫米。果未知。花期7月。

中国产于贵州和广西。

花色鲜艳，极具观赏价值，可作室内微型盆花，也可用于假山造景。

蚂蟥七 **Primulina fimbrisepala**

苦苣苔科 Gesneriaceae　　报春苣苔属 *Primulina*

多年生草本。根状茎粗。叶基生，草质，卵形至近圆形，长4—10厘米，基部斜宽楔形或截形，边缘具齿，两面均被毛；叶柄被毛，长2—8.5厘米。聚伞花序1—4条，具2—5花；花序梗被柔毛；苞片被柔毛，狭卵形至狭三角形；花梗被柔毛；花萼裂片披针状线形，边缘具齿，被柔毛；花冠淡紫色或紫色，筒细漏斗状；雄蕊的花丝上部被短毛，花药基部被疏柔毛；退化雄蕊无毛；花盘环状；子房及花柱密被短柔毛。蒴果被短柔毛。种子纺锤形。花期3—4月。

中国产于广西、广东、贵州、湖南、江西和福建。

花、叶兼具观赏价值，适应性强，可用于花坛花镜布置，也可室内盆栽供观赏。

茂兰保护区

- **分布：**翁昂、高望和永康。
- **生境：**生于海拔450—680米的山地林中石上或石崖上，或山谷溪边。

荔波报春苣苔 *Primulina liboensis*

苦苣苔科 Gesneriaceae　报春苣苔属 *Primulina*

茂兰保护区

- **分布：**常见。
- **生境：**生于低山林下阴处石上。

　　多年生草本。根状茎短。基生叶7，叶片干时革质，椭圆形，顶端微尖；叶柄长1—4.5厘米，扁，被短伏毛。花序2回分枝，每花序7—11花；花序梗、花梗、萼片被紫色短柔毛；苞片对生，卵形；花萼5裂达基部，披针状线形；花冠蓝紫色，长约2.7厘米，筒漏斗状筒形，长约1.7厘米，上唇长约4毫米，2深裂，下唇长约10毫米，3裂至中部；雄蕊花丝中部之下膝状弯曲；退化雄蕊2，条形，顶端变粗；雌蕊长约1.9厘米，子房线形，被短柔毛，花柱被短腺毛，柱头2浅裂。花期5月。

　　中国产于贵州和广西。

　　花色彩艳丽，叶片有时具白色斑纹，十分奇特，可用于室内盆栽供观赏，也可用于假山造景。

钝萼报春苣苔 Primulina lunglinensis var. amblyosepala

苦苣苔科 Gesneriaceae　　报春苣苔属 *Primulina*

多年生草本。叶基生，3—5，叶片椭圆状卵形、椭圆形或卵形，长2.6—10厘米，边缘具齿，两面被毛；叶柄长0.6—8厘米。花序1—4条，每花序具2—8花；花序梗和花梗均被毛；苞片长6—9毫米，宽4—4.5毫米，边缘全缘；花萼5裂达基部；花冠白色，外面被短柔毛，内面上唇有紫斑，筒部窄漏斗状，上唇长约6毫米，2浅裂，下唇长约1.1厘米，3裂至中部；花丝长约1.3厘米，在中部之下膝状弯曲，疏被短腺毛，花药背部被髯毛；雌蕊长约2.7厘米，子房及花柱密被短柔毛，柱头2浅裂。花期6月。

中国产于贵州和广西。

花、叶兼具观赏价值，可室内盆栽供观赏，也可用于假山造景。

茂兰保护区

- **分布：**常见。
- **生境：**生于海拔约800米的山谷溪边陡崖上。

南丹报春苣苔 *Primulina nandanensis*

苦苣苔科 Gesneriaceae 报春苣苔属 *Primulina*

茂兰保护区

- **分布：**少见。
- **生境：**生于山林下荫处石上。

多年生草本。根状茎粗约2.4厘米。叶约7，均基生，纸质，两侧稍不对称，狭椭圆形或长圆形，长8.5—14厘米，宽3.8—7厘米，顶端微钝，基部楔形，两面和边缘具浓密长柔毛，侧脉每侧6—7条；叶柄扁，长1.2—5.2厘米，宽5—10毫米。花梗和2裂的柱头具有长柔毛；花盘环状，高约1.1毫米。

中国产于广西和贵州。

花、叶兼具观赏价值，可室内盆栽供观赏，也可用于假山造景。

鞭打绣球 **Hemiphragma heterophyllum**

车前科 Plantaginaceae   鞭打绣球属 *Hemiphragma*

铺散匍匐草本，被柔毛。茎纤细，多分枝，具节。叶二型，茎生叶对生，近无柄，圆形至肾形，长0.8—2厘米，基部平截、微心形或宽楔形，具5—9对圆齿；分枝之叶簇生，针形。花单生叶腋；花萼5裂；花冠白色或玫瑰色，辐射对称，花冠筒短钟状，裂片5；雄蕊4，花丝丝状与筒部贴生，花药箭形，药室顶端结合；雌蕊较雄蕊短，柱头钻状或2叉裂。蒴果卵球形，红色，近肉质，有光泽，中纵缝线开裂。种子多数，卵形。花期4—6月，果期6—8月。

中国产于云南、西藏、四川、贵州、湖北、陕西、甘肃和台湾。尼泊尔、印度、菲律宾也有分布。

花、果均具有观赏价值，在园林绿化中可用作地被植物。

茂兰保护区
- **分布:** 常见。
- **生境:** 生于山坡草地或石缝中。

阿拉伯婆婆纳 *Veronica persica*

车前科 Plantaginaceae　　婆婆纳属 *Veronica*

茂兰保护区

- **分布：**常见。
- **生境：**生于荒地和路边。

铺散多分枝草本，高10—50厘米。茎密生2列多细胞柔毛。叶2—4对，具短柄、卵圆形，基部浅心形，平截或浑圆，边缘具钝齿，两面疏生柔毛。总状花序很长；苞片互生，与叶同形且几乎等大；花梗比苞片长，有的超过1倍；花萼花期长仅3—5毫米，果期增大达8毫米，裂片卵状披针形，有睫毛，三出脉；花冠蓝色，裂片卵形至圆形；雄蕊短于花冠。蒴果肾形，成熟后几乎无毛，网脉明显，宿存的花柱长约2.5毫米。种子背面具深的横纹，长约1.6毫米。花期3—5月。

中国产于安徽、福建、广西、贵州、湖北、湖南、江苏、江西、台湾、新疆、西藏、云南和浙江。

花期长，适应性强，园林绿化中可作地被植物。

大序醉鱼草 Buddleja macrostachya

玄参科 Scrophulariaceae　　醉鱼草属 *Buddleja*

灌木或小乔木，高2—6米。小枝四棱形，通常具窄翅。叶对生，叶片纸质，披针形，顶端渐尖，边缘具锯齿，正面被星状短绒毛；叶柄极短或几无柄；叶柄间有1—2片叶状托叶。花芳香，多朵组成顶生总状聚伞花序；花梗长约2毫米；花萼钟状，花萼裂片三角形；花冠淡紫色，喉部橙黄色；雄蕊着生于喉部，花丝极短，花药长圆状三角形，基部心形；雌蕊长5.5—8.5毫米，子房卵形，花柱圆柱状，柱头棍棒状。蒴果椭圆状或卵状，顶端有宿存的花柱。种子褐色，两端具长窄翅。花期3—9月，果期6—12月。

中国产于贵州、四川、西藏和云南。孟加拉国、不丹、印度、缅甸、泰国和越南也有分布。

花具有观赏价值，是良好的园林绿化植物。

茂兰保护区

- **分布：** 立化和尧兰。
- **生境：** 生于海拔700米左右的山地疏林中或山坡灌木丛中。

密蒙花 Buddleja officinalis

玄参科 Scrophulariaceae　　醉鱼草属 *Buddleja*

茂兰保护区

- **分布：** 翁昂。

- **生境：** 生于海拔500米左右的向阳山坡、河边、村旁的灌木丛中或林缘，适应性较强。

灌木，高1—4米。小枝略呈四棱形，灰褐色；小枝、叶背面、叶柄和花序均密被灰白色星状短绒毛。叶对生，叶片纸质，通常全缘；叶柄长2—20毫米；托叶在两叶柄基部缢缩成一横线。花密集成顶生聚伞圆锥花序；小苞片披针形；花萼钟状；花冠紫堇色，后变白色或淡黄白色，喉部橘黄色，花冠管圆筒形，花冠裂片卵形；雄蕊着生于内壁中部，花丝极短，花药长圆形，黄色，基部耳状，内向，2室；雌蕊长 3.5—5毫米，子房卵珠状，花柱柱头棍棒状。蒴果椭圆状，2瓣裂。种子狭椭圆形。花期3—4月，果期5—8月。

中国产于贵州、山西、陕西、甘肃、江苏、安徽、福建、河南、湖北、湖南、广东、广西、四川、云南和西藏。

花冠紫堇色，后变白色或淡黄白色，喉部橘黄色，花芳香，是良好的园林绿化植物，也可庭园种植供观赏。

单色蝴蝶草 *Torenia concolor*

母草科 Linderniaceae　　蝴蝶草属 *Torenia*

　　匍匐草本。茎分枝上升或直立，节上生根。叶三角状卵形至卵圆形，长1—4厘米，宽0.8—2.5厘米，顶端钝，基部宽楔形，边缘具齿；叶柄长2—10毫米。花梗长2—3.5厘米，腋生或顶生伞形花序；萼长1.2—1.5（1—7）厘米，具5翅，基部下延；萼齿2，长三角形，果实成熟时裂成5枚小齿；花冠蓝色或蓝紫色，前方一对花丝各具1个线状附属物。花果期5—11月。

　　中国产于广东、广西、贵州、海南、云南和台湾。

　　花具有观赏价值，可作地被植物种在林下或道路旁供观赏。

茂兰保护区

- **分布：** 常见。
- **生境：** 生于林下、山谷及路旁。

白接骨 **Asystasia neesiana**

爵床科 Acanthaceae　　十万错属 *Asystasia*

茂兰保护区

▪ **分布：**甲良和翁昂。

▪ **生境：**生于林下或溪边。

草本，竹节形根状茎。茎高达1米，略呈四棱形。叶纸质，卵形至椭圆状矩圆形，长5—20厘米，先端尖至渐尖，边缘微波状至具浅齿，基部下延成柄，疏被微毛。总状花序顶生；花单生或对生；苞片2；花萼裂片5，被有柄腺毛；花冠淡紫红色，漏斗状，外疏生腺毛，花冠筒细长，裂片5；雄蕊2强，长花丝约3.5毫米，短花丝约2毫米。蒴果长18—22毫米，上部具4粒种子，下部实心细长似柄。

中国产于江苏、浙江、安徽、江西、福建、台湾、广东、广西、湖南、湖北、云南、贵州、重庆和四川。

花具有观赏价值，在园林景观构造中可搭配其他水生植物种在溪水边。

黄花恋岩花 Echinacanthus lofouensis

爵床科 Acanthaceae　　恋岩花属 Echinacanthus

灌木，高1—3米。枝4棱，棱密生1行小瘤状凸起，嫩枝干时变黑色，老枝淡灰褐色。叶纸质，近卵形或披针形，顶端尾状渐尖，全缘。聚伞花序腋生，常具花3朵；总花梗被短柔毛；花萼长1.2—1.4厘米，裂片线形，渐尖；花冠黄色，花冠喉部扩大成钟形，一侧膨胀，冠檐裂片半圆形；雄蕊4，2强，生于喉部下方，花药基部有1芒刺状距，药隔被甚密的髯毛状柔毛；子房被密而贴伏的灰白色柔毛，花柱被疏柔毛。蒴果线状长圆形，被密柔毛，有种子8—12粒。

中国产于广西和贵州。

树形优美，可供观赏，在园林绿化中可用于假山造景。

茂兰保护区

- **分布：**常见。
- **生境：**生于海拔800米左右的山林下。

紫苞爵床 Justicia latiflora

爵床科 Acanthaceae　爵床属 Justicia

茂兰保护区

- **分布：** 翁昂。
- **生境：** 生于海拔600—800米的山坡密林中、山谷路边。

灌木。叶片几膜质，披针形至近圆形，连柄长约7.5厘米，长渐尖，基部楔形，两面沿中肋和脉被硬毛，侧脉弓形；叶柄纤细，长5—6.5厘米。密穗状花序；苞片宽大，被微柔毛，卵形或椭圆形；花萼较短，被微毛，5浅裂，裂片披针形；花冠淡白红色，具条纹，外面被微柔毛，具肋条或具褶，上唇宽圆、内凹，下唇开展，宽3齿，冠檐裂圆，两侧片较狭，颚升起的脉突出；雄蕊稍外伸；子房光滑，2室。

中国产于湖北、湖南、贵州、广西和四川。

可作园林绿化植物，种在林下或路边以供观赏。

观音草 **Peristrophe bivalvis**

爵床科 Acanthaceae   观音草属 *Peristrophe*

多年生直立草本，高可达1米。枝多数，具5—6钝棱和同数的纵沟，小枝被褐红色柔毛。叶卵形，全缘，长3—5厘米，宽1.5—2厘米，纸质，干时黑紫色；叶柄长约5毫米。聚伞花序由2或3个头状花序组成；总花梗长3—5毫米，后被柔毛；总苞片2—4，顶端急尖，有脉纹，被柔毛；花萼小，被柔毛；花冠粉红色，被倒生短柔毛，冠管直，上唇阔卵状椭圆形，下唇长圆形，浅3裂；雄蕊伸出，花丝被柔毛；花柱无毛，柱头2裂。蒴果长约1.5厘米，被柔毛。花期冬春季。

中国产于福建、广东、广西、贵州、海南、湖南、江西、台湾和云南。柬埔寨、印度、印度尼西亚、老挝、马来西亚、泰国和越南也有分布。

花具观赏价值，可盆栽供观赏或丛植用于园林绿化。

茂兰保护区

- **分布：**常见。
- **生境：**生于海拔500—1000米的林下。

球花马蓝 Strobilanthes dimorphotricha

爵床科 Acanthaceae　　马蓝属 *Strobilanthes*

茂兰保护区

■ **分布**：常见。

■ **生境**：生于海拔450—1000米的灌丛中。

　　草本。茎高达1米多。叶椭圆形或椭圆状披针形，先端长渐尖，基部楔形，边缘具锯齿或柔软胼胝狭锯齿，上部各对一大一小，两面有钟乳体，正面被微柔毛，背面中脉被硬伏毛；大叶长4—15厘米，宽1.5—4.5厘米，叶柄长约1.2厘米；小叶长1.3—2.5厘米。花3—5朵集成头状花序；苞片卵状椭圆形，小苞片微小，均早落；花萼裂片5，条状披针形，有腺毛；花冠紫红色，冠檐裂片5；雄蕊无毛；花柱几不伸出。蒴果长圆状棒形，长14—18毫米，有腺毛。种子4粒，有毛。

　　中国产于重庆、福建、广东、广西、贵州、海南、湖北、湖南、江西、四川、台湾、云南和浙江。印度、老挝、缅甸、泰国和越南也有分布。

　　花具观赏价值，是良好的园林绿化植物，可在溪水边丛植。

凹苞马蓝 **Strobilanthes retusa**

爵床科 Acanthaceae　　马蓝属 *Strobilanthes*

　　草本，枝、小枝和花序梗无毛，节间有薄翅。叶常椭圆形，长6.5—20.5厘米，宽4—8.5厘米，边缘具钝齿，先端骤短尖，下部收狭，罕为宽楔形而下延成翅，基部耳形并抱茎。穗状花序腋生和顶生，长2.5—3.5厘米，具花4—7对；花序梗1—4厘米；苞片卵形对生，具疏柔毛，小苞片椭圆形；花萼长约12.5毫米，裂片5；花冠白色，长约4厘米，裂片5；雄蕊2强，短花丝下部被疏柔毛；子房无毛，花柱上部被微毛，柱头不等大2浅裂。种子密被伏毛。

　　中国产于广西和贵州。

　　花具观赏价值，可作为园林绿化植物种植在林下。

茂兰保护区

- **分布：**常见。
- **生境：**生于海拔约560米的溪边。

马缨丹 Lantana camara

马鞭草科 Verbenaceae　马缨丹属 *Lantana*

茂兰保护区

- **分布:** 常见。
- **生境:** 常生于海拔450—650米的海边沙滩和空旷地。

　　灌木或蔓性灌木,高达2米。茎、枝常被倒钩状皮刺。叶卵形或卵状长圆形,长3—8.5厘米,先端尖或渐尖,基部心形或楔形,具钝齿,正面具皱纹及短柔毛,背面被硬毛;叶柄长约1厘米。花序径1.5—2.5厘米;花序梗粗,长于叶柄;苞片披针形;花萼管状,具短齿;花冠黄色或橙黄色,花后深红色。果球形,紫黑色。全年开花。

　　中国产于台湾、福建、广东、广西和贵州。世界热带地区均有分布。

　　花色缤纷多彩,叶色浓绿,可以盆栽用于盆景制作,是良好的观花植物。

白毛长叶紫珠 Callicarpa longifolia var. floccosa

唇形科 Lamiaceae　　紫珠属 *Callicarpa*

灌木，高达3米，小枝、花序、叶背面及花各部分均密被粉屑状灰白色星状毛。叶片长椭圆形，长12—16厘米，宽3—5厘米，先端尖或尾状尖，基部楔形或下延成狭楔形，边缘具针齿；叶柄长1—2厘米。聚伞花序，4—5次分歧；花序梗纤细；花萼杯状，被灰白色细毛，萼齿不明显或近截形；花冠紫色；雄蕊长为花冠的2—3倍，花药卵形，药室纵裂；子房被细毛。果实球形，被毛。花期8月，果期9—11月。

中国产于广西、四川和贵州。印度、新加坡、印度尼西亚、菲律宾也有分布。

果实色泽美丽，在园林绿化中可作观果植物。

茂兰保护区

- **分布：** 高望。
- **生境：** 生于海拔600—750米的山坡灌丛中。

臭牡丹 Clerodendrum bungei

唇形科 Lamiaceae 大青属 *Clerodendrum*

茂兰保护区

- **分布：** 翁昂、板寨和小七孔。
- **生境：** 生于海拔500—650米的山坡、林缘、沟谷、路旁、灌丛润湿处。

灌木。小枝具皮孔。叶宽卵形或卵形，长8—20厘米，先端尖，基部宽楔形、平截或心形，具锯齿，两面疏被柔毛，背面疏被腺点，基部脉腋具盾状腺体；叶柄被毛，长4—17厘米。伞房状聚伞花序密集成头状；苞片披针形，长约3厘米；花萼长2—6毫米，被柔毛及腺体，裂片三角形，长1—3毫米；花冠淡红色或紫红色，冠筒长2—3厘米，裂片倒卵形，长5—8毫米。核果近球形，蓝黑色。花果期5—11月。

中国产于安徽、福建、甘肃、广东、广西、贵州、海南、河北、河南、湖北、湖南、江苏、江西、宁夏、青海、陕西、山东、山西、四川、台湾、云南和浙江。印度北部、越南和马来西亚也有分布。

花色鲜艳，可作观花植物，对水肥要求低，适合作城市园林植物种在林下等地。

海通 Clerodendrum mandarinorum

唇形科 Lamiaceae   大青属 *Clerodendrum*

　　灌木或乔木，高2—20米。幼枝略呈四棱形，密被绒毛，髓具明显的黄色薄片状横隔。叶片近革质，长10—27厘米，宽6—20厘米，顶端渐尖，被短柔毛。伞房状聚伞花序顶生，花序梗以至花柄都密被绒毛；苞片长4—5毫米，易脱落；小苞片线形，长约3毫米；花萼小，钟状，长3—4毫米，密被短柔毛，萼齿尖细，钻形，长1.5—2.5毫米；花冠白色，有香气，外被短柔毛，花冠管纤细，裂片长圆形；雄蕊及花柱伸出花冠外。核果近球形，成熟后蓝黑色，宿萼增大，红色，包果一半以上。花果期7—12月。

　　中国产于广东、广西、贵州、湖北、湖南、江西、四川和云南。越南也有分布。

　　花、果可供观赏，亦可作园林绿化树种。

茂兰保护区

- **分布：** 水尧、甲良、高望和吉洞。
- **生境：** 生于海拔450—700米的溪边、路旁或丛林中。

三台花 Clerodendrum serratum var. amplexifolium

唇形科 Lamiaceae　大青属 Clerodendrum

茂兰保护区

▪ **分布：**常见。

▪ **生境：**生于海拔630—1000米的路旁密林或灌丛中，通常生长在较阴湿的地方。

灌木，高1—4米。小枝四棱形，尤以节上更密；老枝暗褐色或灰黄色，毛渐脱落，具皮孔；髓致密，干后不中空。叶片厚纸质，三叶轮生，叶片基部下延成耳状抱茎；叶柄长0.5—1厘米或近无柄。聚伞花序组成直立、开展的圆锥花序，顶生，长10—30厘米，宽9—12厘米，密被黄褐色柔毛；苞片叶状宿存，花序主轴上的苞片2—3轮生；小苞片较小；花萼钟状，被短柔毛；花冠淡紫色、蓝色或白色，近二唇形，5裂片大小不一，裂片基部棍棒状，被毛；子房无毛。核果近球形。花果期6—12月。

中国产于广西、贵州和云南。

花、果均具观赏价值，在城市绿化中可成片种植在公路边供观赏。

小叶假糙苏 Paraphlomis coronata

唇形科 Lamiaceae　　假糙苏属 *Paraphlomis*

草本，从纤细须根上升。茎单生，通常高约50厘米，钝四棱形，具槽。叶肉质，长3—9厘米，宽1.5—6厘米，边缘疏生锯齿或具小尖突的圆齿；叶柄纤弱，扁平。轮伞花序多花；花梗无；花萼花时明显管状，果时膨大，革质；花冠通常黄，长约1.7厘米，冠檐二唇形，上唇长圆形，全缘，直伸，下唇3裂，中裂片较大；雄蕊4，前对较长，花药椭圆形，二室，室略叉开；花柱丝状，略超出雄蕊，先端近相等2浅裂，子房紫黑色无毛。小坚果倒卵珠状三棱形，无毛。花期6—8月，果期8—12月。

中国产于云南、四川、贵州、广西、广东、湖南、江西和台湾。

花、果均具有较高的观赏价值，可种在公园林下作地被植物供观赏。

茂兰保护区

- **分布**：常见。
- **生境**：生于海拔450—680米的亚热带常绿林或混交林的林荫下。

岩生鼠尾草 Salvia petrophila

唇形科 Lamiaceae　　鼠尾草属 *Salvia*

茂兰保护区

▪ **分布：**常见。
▪ **生境：**生于石壁上。

　　多年生草本。茎直立，密被长柔毛。叶基生，近肉质，长圆形至椭圆形，长3—11厘米，宽2—4厘米，正面绿色，背面紫色，脉上无毛或被微柔毛，先端圆钝，基部楔形，边缘具齿；叶柄长3—10厘米。花序具腺毛，轮伞花序2—6朵花；苞片披针形，被柔毛；小苞片较小；花梗被腺毛；花萼钟状，上唇具翅；花冠粉红色；能育雄蕊2。小坚果卵圆形，略带黑色，无毛。花期4—5月，果期5—6月。

　　中国产于广西和贵州。

　　花色鲜艳，可盆栽供观赏，也可用于花境布置或种在花坛边缘用于绿化。

韩信草 *Scutellaria indica*

唇形科 Lamiaceae　黄芩属 *Scutellaria*

　　多年生草本。茎四棱形，被微柔毛。叶草质，长1.5—2.6厘米，宽1.2—2.3厘米，边缘密生整齐圆齿；叶柄长0.4—1.4厘米，腹平背凸。花对生，在分枝顶上排列成总状花序；花萼果时十分增大，盾片果时竖起，增大一倍；花冠蓝紫色，冠筒前方基部膝曲，其后直伸，冠檐二唇形，上唇盔状，下唇具深紫色斑点，两侧裂片卵圆形；雄蕊4，2强，花丝扁平；花柱细长，子房光滑，4裂。成熟小坚果卵形具瘤，腹面近基部具1果脐。花果期2—6月。

　　中国产于安徽、福建、广东、广西、贵州、河南、湖北、湖南、江苏、江西、陕西、四川、台湾、云南和浙江。柬埔寨、印度、印度尼西亚、日本、老挝、马来西亚、缅甸、泰国和越南也有分布。

　　花色雅致，可盆栽供观赏，也可用于布置花坛。

茂兰保护区

- **分布：** 常见。
- **生境：** 生于海拔450—700米的山地或丘陵地、疏林下、路旁空地及草地上。

白花泡桐 **Paulownia fortunei**

泡桐科 Paulowniaceae　　泡桐属 *Paulownia*

茂兰保护区

- **分布：** 甲良。
- **生境：** 生于山坡、森林、山谷和荒地。

　　落叶大乔木。树皮灰褐色。幼枝、叶柄、叶背面、花萼、幼果密被黄色星状绒毛。叶心状卵圆形至心状长卵形，长可达20厘米，全缘。聚伞圆锥花序顶生，侧枝不发达，小聚伞花序有花3—8朵，头年秋生花蕾；总花梗与花梗近等长；花萼倒卵圆形，长约2厘米，5裂达1/3，裂片卵形，果期变为三角形；花冠白色，内有紫斑，外被星状绒毛，长达10厘米，筒直而向上逐渐扩大，上唇2裂，反卷，下唇3裂，开展。蒴果大，室背2裂，外果皮硬壳质。

　　中国产于安徽、福建、广东、广西、贵州、湖北、湖南、江西、四川、台湾、云南和浙江。老挝和越南也有分布。

　　树形挺拔，枝叶繁茂，叶色翠绿，可作城乡行道树，在园林绿化中也可孤植供观赏。

野菰 Aeginetia indica

列当科 Orobanchaceae　　野菰属 *Aeginetia*

　　一年生寄生草本。根稍肉质。叶肉红色，卵状披针形，长5—10毫米，宽3—4毫米。花常单生；花梗粗壮，长10—30（—40）厘米，常具紫红色条纹；花萼一侧裂开，紫红色、黄色或黄白色，具紫红色条纹；花冠带黏液，常与花萼同色，或有时下部白色，上部带紫色，不明显二唇形，全缘，下唇中间裂片稍大；雄蕊4，内藏，花丝紫色，花药黄色，有黏液，仅1室发育；子房1室，侧膜胎座4，柱头肉质，盾状。蒴果圆锥状，长2—3厘米，2瓣开裂。种子多数，黄色，种皮网状。花期4—8月，果期8—10月。

　　中国产于江苏、安徽、浙江、江西、福建、台湾、湖南、广东、广西、四川、贵州和云南。

　　花紫红色，具有极高的观赏价值。

茂兰保护区

■ **分布：** 常见。

■ **生境：** 喜生于海拔450—1000米的土层深厚、湿润及枯叶多的地方。

粗丝木 Gomphandra tetrandra

粗丝木科 Stemonuraceae 粗丝木属 Gomphandra

茂兰保护区

▪ **分布：** 石上森林、高望、洞湖和永康等地。

▪ **生境：** 生于海拔500—720米的疏林或密林下、路旁灌丛、林缘和沟边。

灌木或小乔木，高2—10米。树皮灰色。叶狭披针形至阔椭圆形，两面具光泽，中脉在背面显著隆起；叶柄长0.5—1.5厘米。聚伞花序与叶对生，长2—4厘米，密被黄白色短柔毛。雄花黄白色或白绿色；萼短，浅5裂；花冠钟形，花瓣裂片近三角形；雄蕊稍长于花冠，花丝肉质而宽扁，上部具白色微透明的棒状髯毛，花药卵形。雌花黄白色，长约5毫米；花萼微5裂；花冠钟形；花瓣裂片长三角形，边缘内卷，先端内弯；子房圆柱状。核果椭圆形，成熟时白色，浆果状。花果期全年。

中国产于广东、广西、贵州、海南和云南。柬埔寨、印度、老挝、缅甸、斯里兰卡、泰国和越南也有分布。

株形优美，叶色翠绿，可栽植于庭园观赏。

轮钟花 Cyclocodon lancifolius

桔梗科 Campanulaceae　　轮钟草属 *Cyclocodon*

　　直立或蔓性草本，通常全部无毛。茎长可达3米，中空，分枝多而长。叶对生，具短柄，叶片卵形至披针形，长6—15厘米，宽1—5厘米，顶端渐尖。花通常单朵顶生兼腋生；花梗或花序梗长1—10厘米，花梗中上部或在花基部有一对丝状小苞片；花萼仅贴生至子房下部，裂片5，相互远离；花冠白色或淡红色，管状钟形；雄蕊5—6，花丝与花药等长，花丝基部宽而成片状；子房5—6室，柱头5—6裂。浆果球状，5—6室，熟时紫黑色，直径5—10毫米。种子极多数，呈多角体。花期7—10月。

　　中国产于云南、四川、湖北、湖南、广西、广东、福建、台湾和贵州。

　　花和果均具有一定的观赏价值，可作园林绿化植物种在路边绿化带。

茂兰保护区

- **分布：** 常见。
- **生境：** 生于林中、灌丛及草地。

铜锤玉带草 Lobelia nummularia

桔梗科 Campanulaceae 半边莲属 *Lobelia*

茂兰保护区

▪ **分布：** 常见。

▪ **生境：** 生于田边，路旁，丘陵、低山草坡或疏林中的潮湿地。

草本。茎长达55厘米，节上生根。叶互生，叶片圆卵形、心形或卵形，先端钝圆或急尖，基部斜心形，边缘具牙齿，两面疏生短柔毛，叶脉掌状至掌状羽脉。花单生叶腋；花梗无毛；花萼筒坛状，无毛，裂片条状披针形，伸直，每边生2或3枚小齿；花冠紫红色、淡紫色、绿色或黄白色，花冠筒外面无毛，内面生柔毛，檐部二唇形，裂片5，上唇2裂片条状披针形，下唇裂片披针形。浆果、紫红色，椭圆状球形。种子多数，近圆球状，稍压扁，表面具小疣突。花果期全年。

中国产于湖北、湖南、广西、贵州、台湾和西藏。

是良好的观花、观果植物，可作地被植物，或盆栽供观赏。

蓟 Cirsium japonicum

菊科 Asteraceae　　蓟属 *Cirsium*

　　多年生草本。块根纺锤状。茎直立，高达80厘米。基生叶卵形至长椭圆形，长8—20厘米，全裂或羽状深裂，基部渐窄成翼柄，边缘具刺齿；侧裂片6—12对，卵状披针形至三角状披针形，具小锯齿，或二回状分裂。顶生头状花序，直立；总苞钟状，总苞片约6层，覆瓦状排列，向内层渐长，背面被毛，沿中肋有黑色黏腺，外层与中层卵状三角形或长三角形，内层披针形或线状披针形。小花红色或紫色。瘦果扁，偏斜楔状倒披针状；冠毛浅褐色。花果期4—11月。

　　中国产于内蒙古、陕西、河北、山东、江苏、浙江、福建、台湾、江西、湖北、湖南、广东、广西、云南、贵州、四川和青海。日本和朝鲜半岛也有分布。

　　花具有观赏价值，可种在荒地上用作地被植物。

茂兰保护区

- **分布：**常见。
- **生境：**生于海拔450—800米的山坡林中、林缘、灌丛中、草地、荒地、田间、路旁或溪旁。

鹿蹄橐吾 Ligularia hodgsonii

菊科 Asteraceae   橐吾属 *Ligularia*

茂兰保护区

- **分布：** 翁昂。
- **生境：** 生于山坡草地、河边或林下。

多年生草本。茎直立，高达100厘米，上部被白色蛛丝状柔毛和黄色柔毛。丛生叶与茎下部叶肾形或心状肾形，长5—8厘米，宽4.5—13.5厘米，具齿；叶柄基部具窄鞘，长10—30厘米；茎中上部叶较小，具短柄或近无柄，鞘膨大。头状花序辐射状，单生或多数排成伞房状或复伞房状花序；苞片舟形；小苞片线状钻形；总苞宽钟形，总苞片8—9，2层，排列紧密，两侧有脊，长圆形，背部无毛或被白色蛛丝状柔毛；舌状花黄色，舌片长圆形；管状花多数，总苞伸出，冠毛红褐色，与花冠等长。

中国产于甘肃、陕西、河南、安徽、湖北、湖南、广西、贵州、云南和四川。俄罗斯（远东地区）和日本也有分布。

花和叶均具有观赏价值，可种在林下或公园花坛里用于绿化。

西南蒲儿根 *Sinosenecio confervifer*

菊科 Asteraceae　　蒲儿根属 *Sinosenecio*

　　多年生或二年生草本，具匍匐枝或根状茎。叶片圆形或肾形至卵形或轮廓三角状；叶柄无翅。头状花序单生；小花，辐射状，具花序梗，全部结实；舌状花6—15朵，舌片黄色，花冠黄色，檐部钟状，花药长圆形，基部圆形至钝，稀短钝箭形，花药颈部圆柱形，花柱分枝外弯，极短。瘦果圆柱形或倒卵状。

　　中国产于湖南、四川、重庆、云南和贵州。

　　花色鲜艳，可盆栽用作观花植物，也可在园林景观构造中种在水边用于绿化。

茂兰保护区

- **分布：** 常见。
- **生境：** 生于沟谷小溪旁。

短序荚蒾 *Viburnum brachybotryum*

五福花科 Adoxaceae　　荚蒾属 *Viburnum*

茂兰保护区

▪ **分布:** 高望、小七孔和吉洞。
▪ **生境:** 生于海拔450—750米的山谷密林或山坡灌丛中。

小乔木或灌木，高达8米，幼枝、芽、花序、萼、花冠外面、苞片和小苞片均被黄褐色簇状毛。小枝具皮孔。叶倒卵形至矩圆形，革质，长7—20厘米，先端渐尖或急渐尖，基部宽楔形至近圆形，边缘具尖锯齿或全缘，背面被簇状毛或近无毛；叶柄初被毛，后无毛。圆锥花序顶生或腋生，苞片和小苞片宿存；花无梗或具短梗；萼筒筒状钟形；花冠白色，辐状；雄蕊花药黄白色，宽椭圆形；柱头头状，3裂，远高出萼齿。果实鲜红色，卵圆形，常有毛。花期1—3月，果熟期7—8月。

中国产于江西、湖北、湖南、广西、四川、贵州和云南。

十分耐修剪，可作绿篱。此外，该种还是良好的观果植物。

南方荚蒾 *Viburnum fordiae*

五福花科 Adoxaceae　　荚蒾属 *Viburnum*

　　灌木或小乔木，高可达5米，幼枝、芽、叶柄、花序、萼和花冠外面均被由暗黄色或黄褐色簇状毛组成的绒毛。枝灰褐色。叶纸质至厚纸质，宽卵形，边缘基部除外常有小尖齿；壮枝上的叶带革质，边缘疏生浅齿或几全缘，侧脉较少；叶柄长 5—15 毫米，有时更短；无托叶。复伞形式聚伞花序顶生；萼筒倒圆锥形，萼齿钝三角形；花冠白色，辐状，裂片卵形；雄蕊花药小，近圆形；花柱高出萼齿，柱头头状。果实红色，卵圆形；核扁。花期4—5月，果熟期10—11月。

　　中国产于安徽、浙江、江西、福建、湖南、广东、广西、贵州和云南。

　　果实具有观赏价值，可以盆栽供观赏。

茂兰保护区

- **分布：**青龙潭、小七孔、洞多和必达。
- **生境：**生于海拔约700米的山谷溪涧旁疏林中、山坡灌丛中或平原旷野。

金银忍冬 **Lonicera maackii**

忍冬科 Caprifoliaceae　忍冬属 *Lonicera*

茂兰保护区

- **分布：** 必达和板寨。
- **生境：** 生于海拔450—750米的林中或林缘溪流附近的灌木丛中。

　　落叶灌木，高达6米。茎干直径达10厘米。凡幼枝、叶两面脉上、叶柄、苞片、小苞片及萼檐外面都被短柔毛和微腺毛。叶纸质，形状变化较大；叶柄长2—5毫米。花芳香，生于幼枝叶腋；苞片条形，长3—6毫米；小苞片多少连合成对，顶端截形；相邻两萼筒分离，萼檐钟状，萼齿宽三角形，不相等，顶尖；花冠先白色后变黄色，长约2厘米，唇形，内被柔毛；雄蕊花丝中部以下和花柱均有向上的柔毛。果实暗红色，圆。花期5—6月，果熟期8—10月。

　　中国产于安徽、甘肃、贵州、河北、黑龙江、河南、湖北、湖南、江苏、吉林、辽宁、内蒙古、陕西、山东、山西、四川、西藏、云南和浙江。日本、韩国和俄罗斯也有分布。

　　是花、果皆具观赏价值的植物，在园林绿化中可单植于公园草坪或公路绿化带供观赏。

半边月 Weigela japonica

忍冬科 Caprifoliaceae　　锦带花属 *Weigela*

　　落叶灌木，高达6米。叶长卵形至卵状椭圆形，稀倒卵形，长5—15厘米，宽3—8厘米，顶端渐尖至长渐尖，基部阔楔形至圆形，边缘具锯齿，两面均具毛；叶柄被柔毛。单花或具3朵花的聚伞花序生于短枝的叶腋或顶端；萼筒长10—12毫米，萼齿条形，深达萼檐基部，被柔毛；花冠白色或淡红色，漏斗状钟形，筒基部呈狭筒形，中部以上突然扩大；花丝白色，花药黄褐色；花柱细长，柱头盘形，伸出花冠外。果实顶端有短柄状喙，疏生柔毛。种子具狭翅。花期4—5月。

　　中国产于安徽、浙江、江西、福建、湖北、湖南、广东、广西、四川和贵州。

　　花具观赏价值，可种在城市绿化带用于美化环境。

茂兰保护区

- **分布：**常见。
- **生境：**生于海拔450—1000米的山坡林下、山顶灌丛和沟边等处。

鞘柄木 Torricellia tiliifolia

鞘柄木科 Torricelliaceae　　鞘柄木属 *Torricellia*

茂兰保护区

▪ **分布：** 常见。

▪ **生境：** 生于林缘或林中。

　　落叶灌木或小乔木，高达8米。树皮灰色。叶互生，膜质或纸质，裂片5—7。总状圆锥花序顶生，下垂。雄花序长5—30厘米；花萼管倒圆锥形，裂片5，齿状；花瓣5，长圆披针形，先端钩状内弯；雄蕊5，与花瓣互生；花盘垫状圆形；花梗纤细，被疏生短柔毛，近基部具小苞片2枚。雌花序较长，常达35厘米，花较稀疏；花萼管状钟形，裂片5；无花瓣及雄蕊；子房倒卵形，3室，与花萼管合生；花梗细圆柱形，有小苞片3。果实核果状，花柱宿存。花期4月，果期6月。

　　中国产于贵州、云南和西藏。

　　叶大且翠绿，可用作景观树种植在城市绿化带或公园里。

罗伞 *Brassaiopsis glomerulata*

五加科 Araliaceae　　罗伞属 *Brassaiopsis*

　　灌木或乔木，高3—20米，树皮灰棕色，上部的枝有刺，全株多数被红锈色毛。叶有小叶5—9；叶柄长至70厘米；小叶片纸质或薄革质，椭圆形至阔披针形，边缘全缘或疏生细锯齿；小叶柄长3—9厘米。圆锥花序大，长至40厘米以上；伞形花序有花20—40朵；苞片三角形，宿存；小苞宿存；花白色，芳香；萼筒短，长约1毫米，边缘有5个尖齿；花瓣5，长圆形，长约3毫米；雄蕊5，长约2毫米；子房2室，花盘隆起，花柱合生成柱状。果实紫黑色。花期6—8月，果期翌年1—2月。

　　中国产于广东、广西、贵州、四川和云南。不丹、柬埔寨、印度、印度尼西亚、老挝、缅甸、尼泊尔、泰国和越南也有分布。

　　可用作景观树种植在城市绿化带或公园里。

茂兰保护区

- **分布**：立化。
- **生境**：生于海拔450—1000米的森林中。

海南树参 *Dendropanax hainanensis*

五加科 Araliaceae　　树参属 *Dendropanax*

茂兰保护区

- **分布：** 常见。
- **生境：** 常生于海拔700—1000米的山谷密林或疏林中。

乔木，高10—18米，胸径20厘米以上。小枝粗壮。叶片纸质，圆形至椭圆状披针形，基部楔形；叶柄纤细，无毛。伞形花序顶生，4—5个聚生成复伞形花序，在中轴上通常另有1—2个总状排列的伞形花序，有花10—15朵；总花梗长1.5—2厘米；花梗长约4毫米，花后长至8毫米；萼长1.5—2毫米，边缘近全缘；花瓣5，长1.5—2毫米；雄蕊5，花丝长1—2毫米；子房5室，花柱合生成柱状。果实球形，嫩时绿色，有5棱，熟时浆果状，暗紫色，直径7—9毫米，花柱宿存。花期6—7月，果期10月。

中国产于贵州、湖南、云南、广西、广东和海南。

树形高大、挺拔，可用作景观树种植在城市绿化带或公园里。

常春藤 Hedera nepalensis var. sinensis

五加科 Araliaceae　　常春藤属 *Hedera*

　　常绿攀援灌木。茎长3—20米，有气生根。叶片革质，边缘全缘或3裂；叶柄细长，长2—9厘米，有鳞片；无托叶。伞形花序单个顶生，或2—7个总状排列或伞房状排列成圆锥花序，直径1.5—2.5厘米，有花5—40朵；总花梗长1—3.5厘米，常有鳞片；苞片小，三角形；花淡黄白色，芳香；萼密生棕色鳞片，边缘近全缘；花瓣5，三角状卵形，外有鳞片；雄蕊5，花药紫色；子房5室，花柱合生成柱状；花盘隆起，黄色。果实球形，花柱宿存。花期9—11月，果期翌年3—5月。

　　中国产于安徽、福建、甘肃、广东、广西、贵州、河南、湖北、湖南、江苏、江西、陕西、山东、四川、西藏、云南和浙江。老挝和越南也有分布。

　　是观叶植物，可用于城市的垂直绿化或地面绿化，也可家庭盆栽供观赏。

茂兰保护区

- **分布:** 莫干和洞多。
- **生境:** 常攀缘于海拔450—900米的林缘树木、岩石上和房屋墙壁上。

鹅掌藤 Schefflera arboricola

五加科 Araliaceae　　鹅掌柴属 *Schefflera*

茂兰保护区

▪ **分布：** 常见。

▪ **生境：** 生于海拔450—900米的谷地密林下或溪边较湿润处，常附生于树上。

　　藤状灌木，高2—3米。小枝有不规则纵皱纹。叶有小叶7—9；叶柄纤细；托叶和叶柄基部合生成鞘状，宿存或一起脱落；小叶片革质，倒卵状长圆形，基部渐狭；小叶柄有狭沟，长1.5—3厘米。圆锥花序顶生，长20厘米以下；伞形花序总状排列在分枝上，有花3—10朵；苞片阔卵形，外面密生星状绒毛，早落；总花梗疏生星状绒毛；花白色；萼长约1毫米，全缘；花瓣5—6，有3脉；雄蕊和花瓣同数而等长；子房5—6室，无花柱，柱头5—6；花盘略隆起，五角形。花期7月，果期8月。

　　中国产于贵州、台湾、广西、海南和广东。

　　是良好的观叶植物，耐阴性强，适合室内盆栽；具有一定的攀缘性，适合岩边、坡边绿化等。

星毛鸭脚木 **Schefflera minutistellata**

五加科 Araliaceae 鹅掌柴属 *Schefflera*

灌木或小乔木，高达6米。当年生的小枝粗壮，密生黄棕色星状绒毛，后无毛；髓白色，薄片状。小叶7—15，卵状披针形或长圆状披针形，长7—18厘米，全缘，背面密被灰色星状毛，后渐脱落；叶柄长12—45厘米，小叶柄长1—7厘米。花序长达40厘米，初密被黄褐色星状绒毛，后脱落，伞形花序；萼筒密被星状毛，具5齿；花瓣无毛；子房5室，花柱柱状。果球形，具5棱，宿存花柱长约2毫米。花期9月，果期10月。

中国产于云南、贵州、湖南、广西、广东、江西和福建。

四季常绿，叶形奇特，叶色浓绿，可盆栽供观赏或栽植于庭园观赏。

茂兰保护区

- **分布：**吉洞和吉腊。
- **生境：**生于海拔660—720米的山地密林或疏林中。

刺通草 *Trevesia palmata*

五加科 Araliaceae　　刺通草属 *Trevesia*

茂兰保护区

- **分布:** 常见。
- **生境:** 生于林中。

　　常绿小乔木，高达8米。枝淡黄棕色，被绒毛和短刺。叶大，革质，直径60—90厘米，掌状深裂，裂片5—9，披针形，先端长渐尖，边缘具粗锯齿，正面无毛或两面疏生星状绒毛；叶柄长达90厘米，被短刺；托叶与叶柄基部合生成二裂的鞘状。伞形花序大，聚生成长达50厘米的大型圆锥花序；苞片矩圆形；花淡黄绿色；萼有锈色绒毛，边缘具齿；花瓣6—10；雄蕊6—10；子房下位，6—10室，花柱合生成柱状。果卵球形。花期10月，果期翌年5—7月。

　　中国产于云南、贵州和广西。尼泊尔、孟加拉国、印度、越南、老挝、柬埔寨也有分布。

　　叶形奇特，色泽翠绿，可作园景树或大型盆栽供观赏。

薄片变豆菜 Sanicula lamelligera

伞形科 Apiaceae　　变豆菜属 *Sanicula*

　　多年生矮小草本，高13—30厘米。根茎短，有结节。茎2—7，直立，细弱，上部有少数分枝。基生叶圆心形，掌状3裂；叶柄基部有膜质鞘。花序通常二至四回二歧分枝或2—3叉，叉间的小伞形花序短缩；总苞片细小，线状披针形；伞辐3—7，长2—10毫米；小总苞片4—5，线形；小伞形花序有花5—6朵；雄花4—5朵，萼齿线形或呈刺毛状，花瓣倒卵形，顶端内凹，花丝长于萼齿1—1.5倍；两性花1朵，无柄，萼齿和花瓣形同雄花。果实长卵形或卵形。花果期4—11月。

　　中国产于贵州、安徽、浙江、台湾、江西、湖北、广东、广西和四川。

　　花具有一定的观赏价值，在园林绿化中具有潜在的价值，可以驯化成林下地被植物。

茂兰保护区

- **分布：** 翁昂和莫干。
- **生境：** 生于海拔450—700米的山坡林下、沟谷、溪边及湿润的沙质土壤。

主要参考文献

贵州科学院植物分类研究室. 1985. 荔波种子植物名录. 贵州科学, (2): 117-189.

贵州植物志编辑委员会. 1982—1986. 贵州植物志. 第1—3卷. 贵阳: 贵州人民出版社.

贵州植物志编辑委员会. 1988—1989. 贵州植物志. 第4—9卷. 成都: 四川民族出版社.

贵州植物志编辑委员会. 2004. 贵州植物志. 第10卷. 贵阳: 贵州科技出版社.

胡佳玉, 谭成江, 姚正明, 张宪春. 2021. 茂兰国家级自然保护区石松类和蕨类植物区系特征. 亚热带植物科学, 50(3): 216-221.

刘冰, 叶建飞, 刘凤, 汪远, 杨永, 赖阳均, 曾刚, 林秦文. 2015. 中国被子植物科属概览: 依据APG Ⅲ系统. 生物多样性, 23(2): 225-231.

苏维词. 2003. 贵州山区珍稀观赏植物物种多样性濒危现状及保护. 资源开发与市场, 19(6): 403-405.

王定江. 2016. 贵州珍稀园林观赏植物图谱. 贵阳: 贵州科技出版社.

徐来富. 2006. 贵州野生木本花卉. 贵阳: 贵州科技出版社.

张宪春. 2012. 中国石松类和蕨类植物. 北京: 北京大学出版社.

张宪春, 姚正明. 2017. 中国茂兰石松类和蕨类植物. 北京: 科学出版社.

张宪春, 姚正明. 2020. 中国茂兰森林蔬菜. 北京: 科学出版社.

中国科学院中国植物志编辑委员会. 1959—2004. 中国植物志. 第1—80卷. 北京: 科学出版社.

朱守谦. 1993. 喀斯特森林生态研究(I). 贵阳: 贵州科技出版社.

The Angiosperm Phylogeny Group. 2016. An update of the Angiosperm Phylogeny Group classification for the orders and families of flowering plants: APG Ⅳ. Botanical Journal of the Linnean Society, 181(1): 1-20.

Flora of China Editorial Committee. 1994—2013. Flora of China. Vol. 2—25. Beijing: Science Press; St. Louis: Missouri Botanical Garden Press.

中文名索引

拉丁名索引

贵州茂兰国家级自然保护区野外调查工作照